内容中心网络路由方法

张建伟 著

电子工业出版社
Publishing House of Electronics Industry
北京·BEIJING

内 容 简 介

本书系统地介绍了内容中心网络的发展及其路由方法。全书包括内容中心网络核心技术、内容中心网络路由机制、内容中心网络缓存机制，以及内容中心网络安全研究。第 1 章为绪论；第 2 章介绍了内容中心网络的命名技术、路由与转发技术及缓存技术；第 3 章介绍了内容中心网络的相关路由方法；第 4 章介绍了内容中心网络的缓存决策及缓存替换策略；第 5 章讨论了内容中心网络在安全路由方面的研究。

本书既可作为计算机、网络、通信等方向的研究生教材或相关专业本科生的选修课教材，也可作为相关 IT 从业人员的技术参考材料。

未经许可，不得以任何方式复制或抄袭本书之部分或全部内容。
版权所有，侵权必究。

图书在版编目（CIP）数据

内容中心网络路由方法 / 张建伟著. -- 北京：电子工业出版社，2020.6
ISBN 978-7-121-38264-2

Ⅰ．①内… Ⅱ．①张… Ⅲ．①计算机网络－路由选择 Ⅳ．①TP393.4 ②TN915.05

中国版本图书馆 CIP 数据核字(2020)第 021122 号

责任编辑：朱雨萌
特约编辑：武瑞敏
印　　刷：北京虎彩文化传播有限公司
装　　订：北京虎彩文化传播有限公司
出版发行：电子工业出版社
　　　　　北京市海淀区万寿路 173 信箱　邮编：100036
开　　本：720×1000　1/16　印张：15.75　字数：232 千字
版　　次：2020 年 6 月第 1 版
印　　次：2022 年 4 月第 3 次印刷
定　　价：89.00 元

凡所购买电子工业出版社图书有缺损问题，请向购买书店调换。若书店售缺，请与本社发行部联系，联系及邮购电话：(010) 88254888，88258888。
质量投诉请发邮件至 zlts@phei.com.cn，盗版侵权举报请发邮件至 dbqq@phei.com.cn。
本书咨询联系方式：zhuyumeng@phei.com.cn。

前　言

传统的基于 TCP/IP 协议的网络体系结构逐渐呈现出许多问题，如网络容量难以支持千倍流量的增长、网络能耗及比特成本开销较大等，无法适应当前移动互联网的发展。在 TCP/IP 协议中，主机通过 IP 地址进行身份标识，数据包在传输过程中封装源 IP 地址与目的 IP 地址，并根据路由表进行转发，最终找到目标主机。这种"主机-主机"的传输机制可以很好地运行在客户机/服务器模式下的应用场景，但是随着移动互联网、物联网、云计算、雾计算等应用的兴起，用户请求的内容已从简单的网页文字转变为多媒体业务，用户更加关心如何快速获取所需的内容，而并不关心该资源存放的具体位置。为了从根本上解决传统的"以主机为中心"的 TCP/IP 通信模式造成的问题，科研人员设计了新一代以内容为中心的网络体系结构，即内容中心网络（Content-Centric Networking，CCN），以适应未来海量、新型网络应用的需求。

CCN 网络将传统 TCP/IP 模型中的 IP 承载层更换为内容承载层，使用内容名字替代 IP 地址，进行定位、路由及传输，为用户提供端到内容服务。同时，CCN 网络也扩展了路由节点的功能，将只具有转发功能的传统节点扩展成同时具有存储与转发功能的 CCN 节点，提升了网络的传输能力。但是，CCN 网络仍存在一些关键问题，其中之一就是如何设计高效、可靠的路由方法。当前的 CCN 路由方法只考虑了兴趣包如何找到发布者服务器上存储的内容，却没有考虑实时的网络状态和网络中普遍存在的大量相同缓存对路由的影响，造成 CCN 路由机制的平均请求内容的时延增大，CCN 的分布式缓存资源被浪费。因此，探讨在新型内容中心网络体系结构下的路由方法具有重要意义。本书以内容中心网络为基础，对数据路由的技术知识及面临的挑战进行阐述。

本书以作者自身科研项目为基础，系统地介绍了内容中心网络的发展及其路由方法。全书内容共分 5 章，其中，第 1 章为绪论，主要介绍内容中心网络体系结构、内容中心网络研究现状及发展趋势；第 2 章介绍内容中心网络的命名技术、路由与转发技术及缓存技术；第 3 章介绍内容中心网络的相关路由方法；第 4 章介绍内容中心网络的缓存决策及缓存替换策略；第 5 章讨论内容中心网络在安全路由方面的研究。

本书的显著特色主要包括：①目前虽有研究内容中心网络路由机制的相关文献，但缺乏考虑在高速移动环境下由于网络节点不能快速自适应路由的选择所导致的网络通信时延增加、链路失效等问题，而本书将内容中心网络中节点对数据的处理与编码技术有机结合，提出了基于网络编码的路由方法，解决了在实时多变情景下路由的选择问题。②针对内容中心网络中突发流量导致的通信负载加大的问题，提出了基于势能的缓存决策策略，并通过考虑节点的情景度，提出了基于情景度的缓存决策策略；在缓存替换方面，分别提出了基于势能冷却的缓存替换策略及基于通告转移的缓存替换策略。③对内容中心网络安全研究进行了深入的调研与分析，系统阐述内容中心网络中的安全问题，提出一系列安全路由方法及隐私保护策略。

本书包含国内外许多专家的重要思想成果，但主要内容是作者近几年来的研究成果（部分研究成果公开发表在国内外重要刊物上，得到了国内外同行专家的认可）。其研究内容能够为研究CCN体系结构的学者们提供一定的借鉴与启发，同时为研究生从事相关研究提供较好的参考。

本书既可作为计算机、网络、通信等方向的研究生教材或相关专业本科生的选修课教材，也可作为相关IT从业人员的技术参考材料。

本书主要由张建伟完成，在撰写过程中参考了课题组前期研究成果及相关硕士生论文。特别感谢为此书撰写做出贡献的郑州轻工业大学朱亮讲师、蔡增玉副教授、张焕龙副教授、孙海燕副教授，以及研究生王文倩、栗京晓、杜春峰、吴作栋等。

本书的研究得到国家自然科学基金面上项目（61672471、61873246）、国家自然科学基金青年项目（61902361）、河南省科技创新人才计划杰出人才项目（184200510010）及郑州轻工业大学的资助，在此表示感谢！

鉴于作者的知识水平有限，加之撰写时间仓促，书中难免有错误与不足之处，恳请读者批评指正。

张建伟

郑州轻工业大学

2019年10月

目　　录

第 1 章　绪论 ……………………………………………………………… 1

　1.1　内容中心网络概述 ………………………………………………… 2

　　　1.1.1　网络体系结构的基本概念及分类 ……………………… 2

　　　1.1.2　网络体系结构的演进 …………………………………… 4

　　　1.1.3　内容中心网络的工作机制 ……………………………… 25

　　　1.1.4　研究挑战 ………………………………………………… 26

　1.2　内容中心网络研究现状 …………………………………………… 28

　　　1.2.1　缓存策略研究 …………………………………………… 29

　　　1.2.2　路由转发策略研究 ……………………………………… 32

　　　1.2.3　内容命名机制研究 ……………………………………… 33

1.2.4 网络安全机制研究 · 34

1.3 内容中心网络发展趋势 · 35

 1.3.1 服务规模与可扩展性 · 36

 1.3.2 支持主动防御的网络安全技术 · 37

 1.3.3 基于内容寻址的服务承载网 · 38

1.4 小结 · 38

参考文献 · 39

第 2 章 内容中心网络核心技术 · 43

2.1 内容中心网络内容命名技术 · 44

 2.1.1 扁平化命名机制 · 45

 2.1.2 层次化命名机制 · 45

 2.1.3 两种命名机制的比较 · 46

2.2 内容中心网络内容名字查找技术 · 47

 2.2.1 名字查找技术 · 47

 2.2.2 主要性能指标 · 48

2.3 内容中心网络路由与转发技术 · 49

 2.3.1 CCN 路由基本原理 · 49

 2.3.2 CCN 转发基本原理 · 55

 2.3.3 CCN 路由转发面临的问题 · 58

2.4 内容中心网络缓存技术 · 59

  2.4.1 典型缓存替换策略 ·· 59

  2.4.2 典型缓存决策策略 ·· 62

  2.4.3 CCN 缓存策略的四大特征 ··· 67

 2.5 小结 ·· 69

参考文献 ·· 70

第 3 章 内容中心网络路由机制研究 ··· 75

 3.1 研究背景 ·· 76

  3.1.1 与传统 TCP/IP 网络的路由区别 ····························· 76

  3.1.2 CCN 路由协议现存问题 ·· 78

 3.2 内容中心网络路由概述 ··· 80

  3.2.1 内部路由协议 ··· 80

  3.2.2 外部路由协议 ··· 82

  3.2.3 分布式路由机制 ··· 82

  3.2.4 集中式路由机制 ··· 84

  3.2.5 CCN 路由选择策略 ·· 86

 3.3 基于网络编码的自适应路由方法 ····································· 87

  3.3.1 基于位置变化的自适应路由模型 ························· 93

  3.3.2 实验环境配置 ··· 97

  3.3.3 实验结果分析 ··· 100

 3.4 小结 ·· 102

参考文献 ………………………………………………………………… 103

第 4 章　内容中心网络缓存机制研究 ………………………………… 107

4.1　研究背景 …………………………………………………………… 108

4.1.1　内容缓存技术的演进 ……………………………………… 108

4.1.2　内容缓存技术的特征 ……………………………………… 111

4.1.3　内容缓存技术面临的问题 ………………………………… 114

4.2　内容中心网络缓存决策 …………………………………………… 120

4.2.1　缓存决策概述 ……………………………………………… 121

4.2.2　基于势能的缓存决策策略（PECDS）…………………… 127

4.2.3　基于节点情景度的缓存决策策略（CSNC）…………… 138

4.3　内容中心网络缓存替换策略 ……………………………………… 149

4.3.1　缓存替换策略概述 ………………………………………… 149

4.3.2　基于势能冷却的缓存替换策略（PEC-Rep）…………… 152

4.3.3　基于通告转移的缓存替换策略 …………………………… 159

4.4　小结 ………………………………………………………………… 170

参考文献 ………………………………………………………………… 171

第 5 章　内容中心网络安全机制研究 ………………………………… 175

5.1　内容中心网络面临的安全威胁 …………………………………… 176

5.1.1　内容非授权访问 …………………………………………… 176

5.1.2　用户隐私泄露 ……………………………………………… 178

5.1.3 兴趣包泛洪攻击 …………………………………………… 182

5.2 内容中心网络安全保护机制 ……………………………………… 186

　　5.2.1 隐私保护 …………………………………………………… 186

　　5.2.2 路由与转发安全 …………………………………………… 190

　　5.2.3 缓存安全 …………………………………………………… 198

5.3 内容中心网络中的隐私保护 ……………………………………… 202

　　5.3.1 内容中心网络缓存的隐私保护策略 ……………………… 202

　　5.3.2 内容中心网络命名的隐私保护策略 ……………………… 212

　　5.3.3 内容中心网络路由与转发的隐私保护策略 ……………… 217

5.4 内容中心网络安全路由方法 ……………………………………… 222

　　5.4.1 内容中心网络节点路由安全问题分析 …………………… 222

　　5.4.2 内容中心网络节点路由安全保护方案 …………………… 225

5.5 未来展望 …………………………………………………………… 232

5.6 小结 ………………………………………………………………… 233

参考文献 ………………………………………………………………… 234

第 1 章
Chapter 1
绪　论

随着移动互联网的发展，越来越多的设备接入到移动网络中，新的服务和应用层出不穷，全球移动宽带用户在 2018 年达到 90 亿户，到 2020 年，预计移动通信网络的容量比当前的网络容量增长 1000 倍。移动数据流量的暴涨将给网络带来严峻的挑战。以传输控制协议/网际协议（Transmission Control Protocol/Internet Protocol，TCP/IP）为通信协议的端到端网络，成为一种联合各种硬件和软件的实用系统，满足了人们对于互联互通的需求。但是，按照当前移动通信网络的发展，容量难以支持千倍流量的增长，网络能耗和比特成本难以承受。虽然采取了一些措施来改善这些现状，但是效果都不太明显。例如，基于 IP 网络的增补式方案或覆盖网络通过在应用层"打补丁"来增强内容分发，但其核心还是以主机为中心，没有从根本上解决问题。未来网络必然是一种多网并存的异构移动网络，要提升网络容量，必须要解决异构网络管理缺乏协同、操作复杂、用户体验质量低下的问题。为解决上述问题，满足日益增长的移动流量需求，打破当前"主机到主机"的通信模式，急需发展新一代内容中心网络（Content-Centric Networking，CCN）体系结构。

1.1　内容中心网络概述

1.1.1　网络体系结构的基本概念及分类

网络体系结构是指通信系统的整体设计，它为网络硬件、软件、协议、存取控制和拓扑提供标准。各大计算机公司都定义了自己的网络体系结构，但是其层次的划分、功能的分配与采用的技术术语差异巨大，不同的协议之间无法直接相连，相互通信的计算机需要高度协调工作才行。因此，急需制定一个国际标准的网络体系结构。

IBM 公司于 1974 年根据分层的设计思路，提出 SNA（Systems Network Architecture，网络体系结构）网络标准。现在，IBM 公司构建的大型专用网络仍延续使用 SNA，其他的一些公司也陆续推出自己的具有不同名称的网络体系结构。不同的网络体系结构在出现后，采用不同的网络体系结构的产品就很难互相通信。用户为了通信，必须购买同一家公司生产的一系列产品，这样不仅造成商品垄断，还对产品的流通带来一定的障碍。

DEC 公司于 1975 年提出以分层方法设计的 DNA（Digital Network Architecture，数字网络结构）网络体系结构，该结构具有很好的分布式网络处理和控制功能。过了数年，DEC 公司引入了一系列产品和服务，以使 DEC 公司的计算平台和其他生产厂家的平台进行双向连通。

国际标准化组织 ISO 于 1978 年提出著名的网络互联国际标准协议——OSI/RM（Open Systems Interconnection Reference Model，开放系统互联通信参考模型），简称 OSI。IEEE 802 委员会（美国电气和电子工程师学会的局域网委员会）制定局域网参考模型 IEEE 802 标准；传输控制协议/互联网协议（TCP/IP）形成于 1977—1979 年，最早起源于 ARPAnet 参考模型。虽然 TCP/IP 协议与 OSI/RM 标准有一定的差异，但它是因特网上采用的实际协议标准，并被公认为当前的工业标准或"事实上的标准"。

1.1.2 网络体系结构的演进

互联网的高速发展和科技成果的不断更新，使得人们对于信息服务的海量需求不断攀升，人们的关注点聚焦在内容及如何快速获取内容上。传统网络结构解决的基本问题是功能和性能问题，网络体系结构的演进面临的根本问题是业务范畴的扩大化，每次的演进都是因为其本身不能满足人们和社会的发展需求，根本原因是超出工程师的预期。在讲述新型网络体系结构之前，首先回顾一下几种经典的网络体系结构。

1. OSI 网络体系结构

为了使在一个网络体系结构下开发的系统与在另一个网络体系结构下开发的系统互相连接起来，实现更高一级的应用，从而使异种机之间的通信成为可能，便于网络结构标准化，国际标准化组织 ISO 于 1983 年形成了开放系统互联通信参考模型 OSI/RM 的正式文件。所谓"开放"，是指非独家垄断的。因此，只要遵循 OSI 标准，一个系统和其他遵循同一标准的系统就可以互相通信。

OSI 参考模型的 7 层模型从底层到最高层依次为物理层、数据链路层、网络层、传输层、会话层、表示层和应用层，如图 1-1 所示。

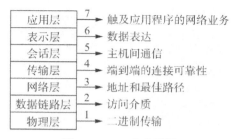

图 1-1 OSI 参考模型

OSI 参考模型各层的作用如表 1-1 所示。

表 1-1　OSI 参考模型各层的作用

层　次	作　用
应用层	提供应用程序访问 OSI 环境的手段
表示层	提供数据信息的语法表示变换
会话层	进程间的对话也称为会话，会话层管理不同主机上各进程间的对话
传输层	向网络提供高效、经济、透明的端到端数据传输服务
网络层	将数据分成一定长度的分组，将分组穿过通信子网，从信源选择路径后传到信宿
数据链路层	将数据分成一个个数据帧，以数据帧为单位传输。有应有答，遇错重发
物理层	在物理媒介上传输原始的数据比特流

网络中数据交换而建立的规则、标准或约定称为网络协议，OSI 网络体系结构各层协议如表 1-2 所示。

表 1-2　OSI 网络体系结构各层协议

层　次	主要协议
应用层	TELNET、FTP、TFTP、SMTP、SNMP、HTTP、BOOTP、DHCP、DNS
表示层	文本：ASCII、EBCDIC；图形：TIFF、JPEG、GIF、PICT；声音：MIDI、MPEG、QUICKTIME
会话层	NFS、SQL、RPC、X-WINDOWS、ASP、SCP
传输层	TCP、UDP、SPX
网络层	IP、IPX、ICMP、RIP、OSPF
数据链路层	SDLC、HDLC、PPP、STP、FR
物理层	EIA/TIA RS-232、EIA/TIA RS-449、V.35、RJ-45

2．TCP/IP 网络体系结构

TCP/IP 网络体系结构是指能够在多个不同网络间实现的协议簇。该协议簇是在美国国防高级研究计划局（Defense Advanced Research Projects Agency，DARPA）所资助的项目基础上研究开发成功的。TCP/IP 在网络部分瘫痪时仍保持较强的工作能力和灵活性。这种应用环境导致了一系列协议的出现，从而使不同类型的终端和网络间能够进行有效通信。实际上，因特网已经成为全球计算机互联的主要体系结构，而 TCP/IP 协议是因特网的代名词，是将异构网络、不同设备互联起来，进行正常数据通信的格式和大家遵守的约定，所以 TCP/IP 体系结构是计算机网络的事实标准。TCP/IP 网络体系结构各层协议如表 1-3 所示。

表 1-3 TCP/IP 网络体系结构各层协议

层 次	主要协议
应用层	HTTP、FTP、SMTP、DNS、DSP、Telnet、WAIS……
传输层	TCP、UDP、DVP……
网际层	IP、ICMP、AKP、RARP、UUCP……
网络接口层	Enternet、ARPAnet、PDN……

OSI 模型属于理论模型，OSI 模型把网络通信的工作分为 7 层，分别是物理层、数据链路层、网络层、运输层、会话层、表示层和应用层，每一层对于上一层来讲是透明的，上层只需要使用下层提供的接口，并不关心下层是如何实现的。TCP/IP 模型属于实际应用的工业标准模型，分别是应用层、传输层、网际层和网络接口层。从实质上讲，TCP/IP 只有上面 3 层，下面的网络接口层并没有什么内容。综合二者的优点，人们在日常生活中使用较多的互联网采用一种只有 5 层协议的体系结构。OSI 体系结构、TCP/IP 体系结构和 5 层协议的体系结构对应关系如图 1-2 所示。

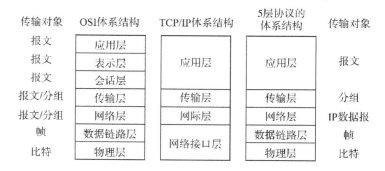

图 1-2 OSI 体系结构、TCP/IP 体系结构和 5 层协议的体系结构对应关系

3. P2P 网络

科技的进步及社会的迅速发展，使人们对于网络资源的需求增强，网络资源被广泛地应用到各个方面。在传统的 C/S 方式中，当大量用户请求服务器时，服务器的压力会越来越大，进而出现网络拥塞、磁盘不足等情况。现实生活的需求推动科技的发展，国际上出现了众多的 P2P（Peer-to-Peer，点对点网络）文件共享软件[1]，国外开展 P2P 研究的学术团体主要包括 P2P 工作组（P2P WG）、全球网格论坛（Global Grid Forum，GGF）。其中，Napster、Skype、emalu 等较为著名。许多院校也都开始研究 P2P 网络，如清华大学的 Popular Power、华中科技大学的 Groove。其中，最具代表性的是北京大学研发的 Maze 系统，该系统由北京大学网络实验室研发，它是一个中心控制与对等连接相融合的对等计算文件共享系统，结构上类似于 Napster，对等计算搜索方法类似于 Gnutella。

P2P 网络，即对等网络，是一种在对等者之间分配任务和工作负载的分布式应用架构，是对等计算模型在应用层形成的一种组网或网络形式。国内一些媒体将 P2P 翻译成"点对点"或"端对端"，学术界则统一称为对等网络（Peer-to-Peer Networking）或对等计算（Peer-to-Peer Computing），其可以定义为：网络的参与者共享他们所拥有的一部分硬件资源（如处理能力、存储能力、网络连接能力、打印机等），这些共享资源通过网络提供服务和内容，能被其他对等节点（Peer）直接访问而无须经过中间实体。从计算模式上来说，P2P 打破了原先传统的客户机/服务器（Client/Server，C/S）模式，在网络中每个节点的地位都是对等的。每个节点既充当服务器，为其他节点提供服务，同时也享用其他节点提供的服务。客户机/服务器模式与对等模式的拓扑结构分别如图 1-3（a）和图 1-3（b）所示。

近些年来，研究人员开始对新型网络体系结构进行研究，最根本的原因是人们的需求远远大于现有的生产力水平，传统网络支撑不了广大用户对海量内容的获取，传统网络体系结构在面对服务和应用数量急剧增加的需求时难以有效满足。因此，为了解决当前网络存在的问题，只有不断革新网络体系结构，才能推动互联网向前演进。新型网络体系结构主要包括以下几种。

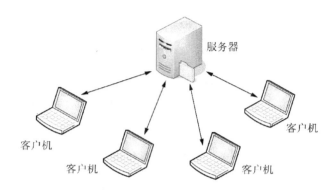

（a）客户机/服务器模式

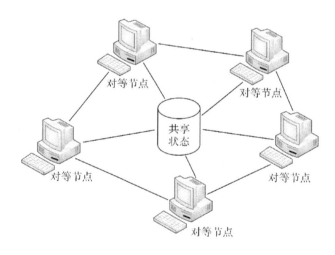

（b）对等模式

图1-3　客户机/服务器模式与对等模式的拓扑结构

1）DONA体系结构

DONA（Data-Oriented Network Architecture，DONA）[2]是由美国伯克利大学RAD实验室提出的，对网络命名系统和名字解析机制做了重新设计，替代现有的域名系统，使用扁平结构、自认证名字来命名网络实体，依靠解析处理器完成名字的解析，解析过程通过 FIND 和 REGISTER 两类任播原语实现。

DONA 的名字以 $P:L$ 形式表示。P 代表主体公钥的加密散列值，L 则为主体选择的标签，以确保名字的唯一性。DONA 引入解析处理器 RH 替代 DNS，每个域或管理实体都拥有一个逻辑或物理的 RH。DONA 解析过程通过 FIND（$P:L$）和 REGISTER（$P:L$）完成。用户发送 FIND（$P:L$）寻找名为 $P:L$ 的资源，RH 根据 REGISTER 信息将请求路由到最近的资源复制处。如果 FIND 找到匹配的资源记录，相应的服务器会发回一个 TCP 响应，从而使用标准 IP 路由和转发进行数据包传递，并且 RH 也可以实现数据缓存。

DONA 网络的基本组织形式如图 1-4 所示。可以看到，DONA 网络是以 RH 为标准进行分级的，分级的依据可以是自治域，也可以是其他的标准。最低级别的 RH 主要负责接入用户的请求信息 FIND，将用户的内容请求转化为转发动作，不同层级的 RH 可以理解为不同层级的 DNS 服务器，最高层的 RH 则具有全局的信息。

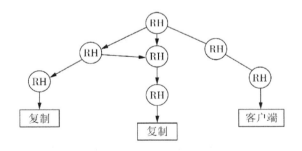

图 1-4　DONA 网络的基本组织形式

DONA 采用扁平式的命名架构，名字的形式为 $P:L$，其中，P 为内容提供者的公钥的哈希值，用户验证内容提供者的身份；L 为名字标签，是对内容的具体描述，并且 L 描述的粒度可以由用户灵活掌控，可以描述一个网站，也可以描述一个网页或一个视频，只要内容提供者保证在 P 的前缀下 L 是唯一的即可。

除了上述标准的命名，DONA 还支持 $P:*$ 及 $*:L$ 的命名格式，前者可以用于校验前缀是否被占用，后者可以用于描述任意内容服务提供者提供的 L 内容或服务。FIND 分组的协议头部如图 1-5 所示。可以看出，名字层所处的位置在网络层与传输层之间，也就是说，命名不改变 IP 层结构，而对传输层有新的要求。

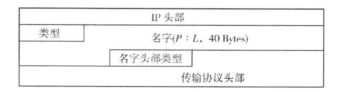

图 1-5　FIND 分组的协议头部

2）PSIRP

PSIRP（The Publish-Subscribe Internet Routing Paradigm，发布-订阅互联网路由模式）[3]是芬兰赫尔辛基科技大学和赫尔辛基信息技术研究院等共同研究的项目，PSIRP 本质上是以信息为中心的发布-订阅式互联网路由范例，提出基于汇聚的通信概念，PSIRP 使用相似的概念建立汇聚点和拓扑结构，并且能更好地支持域间策略路由。PSIRP 的目的是建立一个以信息为中心的发布-订阅通信范例，取代以主机为中心的发送-接收通信模式[4]。

PSIRP 的网络体系结构有 4 层：汇聚、路由、拓扑和转发。其中，汇聚是 PSIRP 的核心，汇聚系统在发布者和订阅者之间扮演中间人的角色，以一种位置独立的方式给订阅者匹配正确的发布信息；路由的功能是负责为每个发布信息和在域内分支点缓存的常用内容都建立和维护转发树；拓扑系统管理功能复杂，执行类似目前使用的路由协议的功能，选择域间路由来传送发布信息，每个域都有自己的拓扑管理功能，与 BGP 类似。

PSIRP 处理发布-订阅的基本过程如图 1-6 所示。

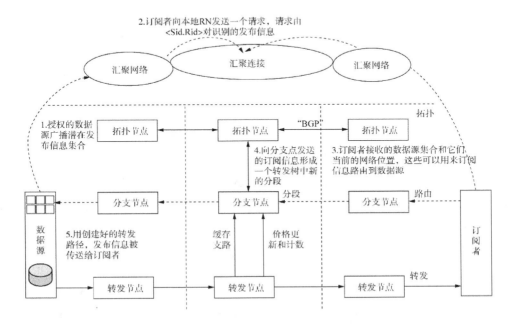

图 1-6　PSIRP 处理发布-订阅的基本过程

PSIRP 体系结构中有 4 种类型的标识，如图 1-7 所示。Aid 是用户可读的形式，直接由发布者和订阅者使用；Rid 用于标识汇聚；Sid 是 Rid 的子类型，用于界定信息的范围，一条发布的信息有可能属于多个信息范围；Fid 用来标识发布信息的传输路径。PSIRP 主要利用 Rid（包括 Sid）和 Fid 这两类名字空间。

3）4WARD

由欧盟 FP7 资助的 4WARD[5]项目的开展时间与 PSIRP 项目接近，目标是研发新一代可靠的、互相协作的有线及无线网络技术。4WARD 项目的 WP6 工作组设计了一种以信息为中心的网络架构 NetInf(Network of Information)[6]。

NetInf 关注高层的信息模型的建立，实现了扩展的标识与位置分离，即存储对象与位置的分离。

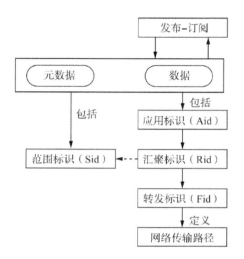

图 1-7　PSIRP 的 4 种类型的标识

NetInf 的信息模型包含 2 个对象：信息对象（IO）和比特级对象（BO）。IO 代表数据流、音/视频内容、网页、E-mail、实时业务，甚至可以是物理实体；BO 表示采用某种编码的某个 MP3 文件，无语义。基于该信息模型，IO 能够让用户不受限于内容的具体表示和某些特性去寻找想要的信息。信息对象 IO 的包格式如图 1-8 所示，ID 表示 IO 的名字，元数据包含了与 IO 相关的语义信息，如 IO 内容的描述、IO 与其他对象的关系等。

ID	类型	散列值	标签
元数据	元数据		
数据	比特级对象（BO）		

图 1-8　信息对象 IO 的包格式

NetInf 的名字解析系统会根据输入的 NetInf ID 或 NetInf 属性集返回相应的记录。解析服务根据所处网络位置的不同、需求的不同而采取不同的实现方法，如广播、MDHT 或链路控制。

4）一体化网络

传统信息网络的分层结构，如国际 OSI 的 7 层网络体系结构、TCP/IP 4 层网络体系结构等，在信息网络的发展过程中曾经发挥过重要的作用，但也日益暴露出越来越多的缺陷和原始设计模式的不足，例如，过于复杂，难以适应新型移动互联网络、传感网络及普适服务的需求等。因此，新一代信息网络体系结构必须相对已有网络做出重大的创新。通过对传统信息网络分层体系结构理论的长期研究，以及对互联网和电信网等机制、原理进行深入剖析，发现大部分网络体系结构都可以划分为 2 个基本层：一个是服务层，一个是网络层。由此创新性地提出一种全新的 2 层网络体系结构模型，即"网通层"和"服务层"[8]，如图 1-9 所示。

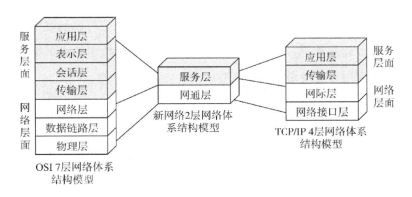

图 1-9　2 层网络体系结构模型

在 2 层网络体系结构模型中，"网通层"完成网络一体化，"服务层"实现服务普适化，这两层结合在一起，构成了一体化网络与普适服务体系的基础理论框架。图 1-10 对一体化网络与普适服务新型体系结构模型做了进一步的描述。

文献[7]中针对现有信息网络存在的严重弊端，创造性地提出了全新一体化网络与普适服务的体系理论与总体框架；创建了一体化网络体系模型与理论，提出接入标识、交换路由标识及其映射理论，在支持移动和安全的基础上实现网络一体化；建立了普适服务体系模型与理论，创建了服务标识、连接标识及其映射理论，实现对普适服务的支持，并解决移动、安全等问题。

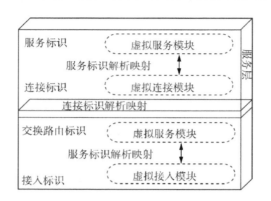

图 1-10　一体化网络与普适服务新型体系结构模型

需要指出的是，虽然文献[7]中的工作已取得了一些可喜的成果，但也仅仅是初步的设计和构思，对新型网络体系理论与关键技术的深入细致研究、完善及推广应用还有待进一步的工作。

5）标识分离网络

一体化网络中定义了两种标识，即网络身份标识和网络位置标识，实现了终端接入身份信息与网络接入位置信息的分离；为了完成穿越接入网、核心网的端到端通信，需要实现从接入标识（网络身份标识）到交换路由标识（网络位置标识）映射的双向解析。

网络标识分离映射问题，其特殊性是在当前互联网中 IP 地址承载的多重语义分离后，需要针对由此产生的两种标识的映射问题进行研究。网络中除了 IP 地址，还有其他标识，如数据链路层终端标识、网络连接标识、应用层资源标识等，各种标识之间映射关系的定义和使用问题，随着网络发展一直在不断地进行相关研究。网络身份标识与网络位置标识分离问题被提出后，网络标识分离映射问题针对这一特殊应用场景进行了针对性研究。

相关研究现状分为两个阶段，研究阶段一的成果包括：主机名到 IP 地址的映射，网络域名解析系统、移动通信系统中的身份与位置分离映射，不同语义 IP 地址之间的映射；研究阶段二的成果包括：HIP 协议中主机标识到 IP 地址的解析，LIN 6 协议中的标识分离映射，LISP 协议中的标识分离映射，Peer Net 身份与位置标识分离映射，Six/One 中的地址重写。

除了上述提到的方案，还有 SIRA（安全和可扩展的路由体系结构）[8]、Shim 6[9]、HRA[10]、IP 2[11]、GSE（全局-局部-终端地址）[12]、Ivip（互联网数据包重定向协议）[13]等多种提议方案。各种方案的关键不同之处如表 1-4 所示。

表 1-4　各种方案的关键不同之处

方案/特性	移动性	多宿主	路由聚合	修改的地方	网络拓扑划分	具体操作方式
GSE	否	否	支持	终端	无	部分替换
HIP	核心	支持	支持	终端	无	替换
IP 2	支持	否	支持	路由器	有	替换
Ivip	支持	支持	核心	路由器	有	封装替换
LIN 6	核心	支持	支持	终端	无	封装替换
LISP	注 1	支持	核心	路由器	有	封装隧道
MIP	核心	否	否	路由器	无	封装隧道
Peer Net	支持	否	支持	路由器	有	替换
Shim 6	否	核心	支持	终端	无	替换
SIRA	否	支持	核心	路由器	有	注 2

注1：LISP 认为它自身支持慢速移动，快速移动在现有互联网中不需要。
注2：SIRA 强调其对网络结构的设计，不强调具体操作方式。

不同的标识分离映射解析方案设计目标不同，具体操作方式也不一样，并且这些已有身份和路由标识分离映射方案都存在不足之处。特别是在引入全局性的映射数据库后，网络在每次建立新的会话时，需要通过隐性或显性的信令式交互为其做好通信准备。若终端需要享受更为便捷的移动性服务，在每次会话初始建立时更长的等待时间是其必须付出的代价，因为这种方法必然会加重网络的负担，同时会话建立的时延将会更长。而负责具体映射操作的接入路由器及映射数据库的负载也都会影响网络传输的性能，从而使得接入路由器及映射服务器等设备都可能成为网络信息传输过程中的瓶颈。例如，Peer Net 很难保证 P2P 路由表中的紧邻项与物理网络拓扑的一致性，直接对路由表的维护和路由效率造成影响，也不支持多宿主；HIP 中太过复杂的名字空间定义和众多对应关系的维护需求、管理开销导致出错的概率大大增加，扁平的名字空间导致查找效率低，存在扩展性问题；LISP 也没有考虑映射数据库的查询效率问题。因此，对映射数据库及其在具体网络环境中如何架构与部署需要进行深入的研究和分析。同时，映射关系查询与更新机制的优劣将会对通信效率的提高产生直接的影响，甚至带来路由可扩展性问题。

针对映射信息更新机制的性能问题，文献[15]中提出了一种路由反向重定向的快速切换方法。切换时延比 MIPv6 减少了 75ms，并且在切换过程中移动节点参与很少，大量节省了系统无线接入资源。在该方法中，由终端移动到的新 ASR 向原 ASR 发送路由重定向消息，该消息会由原 ASR 根据移动节点的连接信息，向目的节点进行回溯，发送给沿途的节点进行重定向，直到到达原 ASR 和新 ASR 的最近公共前继路由器终止。其优点在于这种切换是由网络完成的，终端移动节点对这一过程没有感知，对网络节点的移动性提供了较好的支持。

NISMA 将整个网络划分为多个一定规模的域，每个域中都有一个认证中心和一个域归属映射服务器，通过高速数据传输链路连接不同域之间的映射服务器和认证中心，从而保证不同域之间的映射服务器和认证中心的信息的高速交互。认证中心的主要任务是负责管理本域内的合法用户终端的身份信息认证，当用户终端需要接入网络进行通信、获取网络资源或享受网络服务时，必须到其所注册的认证中心进行认证。域内映射服务器存储本域内注册的所有合法的、正在进行通信的节点的映射关系，同时还存储从外域移动到该域的移动终端的 AID/RLOC 映射关系。依据移动节点位置从一个 ASR 变换到另外一个 ASR，这两个 ASR 对应的归属域 OPD 和 NPD 是否相同，可将一体化网络的移动切换过程分为两种，即域内切换和域间切换。移动节点在同一域内的两个不同的接入路由器之间的切换过程称为域内切换；而 MN 在分别位于不同域的两个接入路由器之间的切换过程称为域间切换。如图 1-11 所示，MN 在同属于域 1 的两个接入路由器 ASR_a 和 ASR_b 之间进行切换是域内切换，而 MN 从域 1 的 ASR_b 移动到域 2 的 ASR_c 所进行的切换是域间切换。

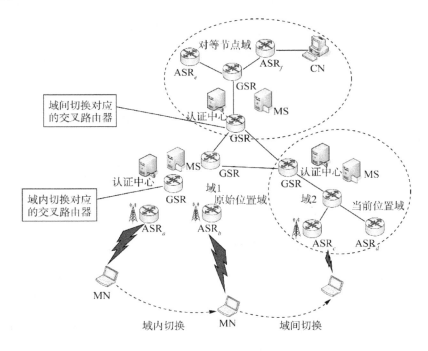

图 1-11 域内切换与域间切换示意

6) 可重构网络

可重构信息通信基础网络 (Reconfigurable Information Communication Basal Network)，简称为可重构网络[16,17]，以增强网络的基础互联传输能力为出发点，通过网络结构与功能的自适应重构、网络体系结构与模型及协议的重新设计、网络内嵌的安全与管控机制，从而支持当前和未来业务的多样化需求及现有互联网的兼容演进，实现基础网络在可扩展性、移动性、服务质量保证、安全性等方面的功能扩展，满足泛在互联、融合异构的需求[18]。

在众多研究人员的不断努力下，互联网的功能获得了巨大演进，文献[19]中提出了典型的虚拟路由器架构 vRouter，此为一款通用的纯软件虚拟路由器，提供不同数据平面的数据隔离；FPGA 等技术实现的可重构计算[20]、面向可编程无线通信的软件无线电[21]和软件工程中的可重构软件设计[22]等，这些研究成果为端到端资源管理、服务多样化供应提供了技术基础，对端到端的体系结构、模型设计提供了重要的参考依据，但是他们大多只关注网络宏观的体系结构和管理机制，并未从端到端的角度考虑其范畴内的组成部件、自治管理框架和关键技术。

文献[23]中设计了一种可重构、可演进的网络功能创新平台，如图 1-12 所示，该平台分为控制平面和数据平面。其中，控制平面由控制服务器组成；数据平面由网络交换节点组成，负责完成数据分组的传输及功能处理。

7）软件定义网络

从平台架构的角度出发研究可重构的网络体系结构，这种方法仅仅着眼于硬件或软件资源。网络应用类型的多样性和对网络服务提供能力需求的差异性仍在不断推动可重构技术与网络路由交换技术的研究，而软件定义网络作为一种可重构网络架构解决方案，因其简单的硬件要求、数据面与控制面相分离的理念而被越来越多的研究人员所肯定。

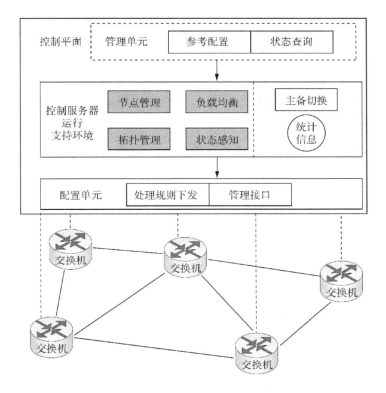

图 1-12　可重构、可演进的网络功能创新平台

软件定义网络（Software Defined Network，SDN）是由美国斯坦福大学 Clean State 课题研究组提出的一种新型网络创新架构 Ethane 项目[24]，是网络虚拟化的一种实现方式。其核心技术 OpenFlow 协议通过将网络设备的控制面与数据面分离开来，实现了网络流量的灵活控制，使网络作为管道变得更加智能，为核心网络及应用的创新提供了良好的平台。软件定义网络架构如图 1-13 所示，控制器作为 SDN 的核心组成部分，起着网络设备与控制模块间的桥梁作用。控制器向上提供编程接口，使得网络控制模块能够操作底层网络设备；向下则与网络设备交互，掌握全局网络视图；同时屏蔽底层网络设备、网络状态等维护，因此，控制器又称为网络操作系统（Network Operating System，NOS）。

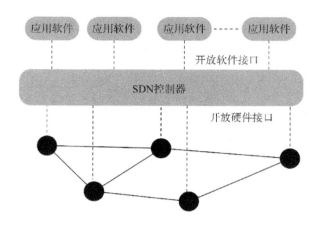

图 1-13　软件定义网络架构

SDN 的主要技术特点体现在以下 3 个方面。

（1）转发与控制分离。SDN 具有转发与控制分离的特点，采用 SDN 控制器实现网络拓扑的收集、路由的计算、流表的生成及下发、网络的管理与控制等功能。通过这种方式可使得网络系统的转发面和控制面独立发展，转发面向通用化、简单化发展，成本可逐步降低；控制面可向集中化、统一化发展，具有更强的性能和容量。

（2）控制逻辑集中。转发与控制分离之后，使得控制面向集中化发展。控制面的集中化，使得 SDN 控制器拥有网络的全局静态拓扑、全网的动态转发表信息、全网的资源利用率、故障状态等。因此，SDN 控制器可实现基于网络级别的统一管理、控制和优化，还可依托全局拓扑的动态转发信息帮助实现快速的故障定位和排除，提高运营效率。

（3）网络能力开放化。SDN 还有一个重要特征是支持网络能力开放化。通过集中的 SDN 控制器实现网络资源的统一管理、整合及虚拟化，采用规范化的北向接口为上层应用提供按需分配的网络资源及服务，进而实现网络能力开放。这样的方式打破了现有网络对业务封闭的问题，是一种突破性的创新。

8）信息中心网络

近些年以来，国内外研究人员加强了针对未来互联网架构的研究，其中信息中心网络技术（Information-Centric Networking，ICN）[25]是一类从当前互联网的主要用途出发，提出以内容或信息为中心的网络范式的研究方案。其摒弃了以往以问题为导向的设计理念，以信息或内容为中心构建网络体系结构，解耦信息与位置的关系，增加网络感知、存储信息的能力，从网络层面提升内容获取、移动性支持和面向内容的安全机制能力。

ICN 的关键技术有命名、路由与转发、网内缓存、安全机制，针对安全机制，由于 ICN 中到达的内容有可能来自其他网络节点而不是始发的内容服务器，因此，安全模式不能基于数据包来自哪里。相反，ICN 设计必须保护内容而不是内容的传输路径。所有的 ICN 设计都采用面向内容的安全模式，基本原理是由原始内容提供商签署内容，这样网络节点和消费者可以仅通过验证签名的有效性来验证内容。除此之外，ICN 研究人员还针对 DoS 攻击、内容篡改攻击、缓存污染攻击及访问控制等进行了研究，提出了多种机制和解决方案。但是因其均不够成熟，如缺乏对合法用户的服务体验质量（QoE）和网络服务质量（QoS）的保护，违背了 ICN 的基本原则等[26]。

已有一些研究成果显示 ICN 除了能够在视频流分发[27]、视频会议[28]、内容分发方面显示出优势，还在移动和约束场景下（如物联网应用），5G 网络的移动性支持、车载自组织网络、延迟与中断容忍环境等方面显示出一定的优势。但是每种方案都有其挑战性，首先是扩展性问题，相较于已经出现扩展性问题的互联网，ICN 在面对无限的信息命名空间时，其扩展性问题变得更富有挑战性。同时，每年字节信息的产生速度和越来越广泛的移动性支持，更是加剧了这一挑战。这种扩展性问题不仅在路由与转发层面，还表现在 ICN 网络架构的各层面。尽管 ICN 将信息与位置分离，具有原生的移动性支持能力，但在实际中并不满意。例如，订阅-发布模式的方案虽然可以非常简单地实现信息订阅者的移动性支持，但是对于信息发布者的移动性支持则存在难度。

9）内容分发网络

内容分发网络（Content Delivery Network，CDN）的基本思路是尽可能避开互联网上有可能影响数据传输速度和稳定性的瓶颈和环节，使内容传输得更快、更稳定。通过在网络各处放置节点服务器所构成的在现有的互联网基础之上的一层智能虚拟网络，CDN 系统能够实时根据网络流量和各节点的连接、负载状况、到用户的距离及响应时间等综合信息将用户的请求重新导向离用户最近的服务节点上，其目的是使用户可就近取得所需内容，解决互联网拥挤的状况，提高用户访问网站的响应速度。图 1-14 所示为 CDN 网络体系结构。

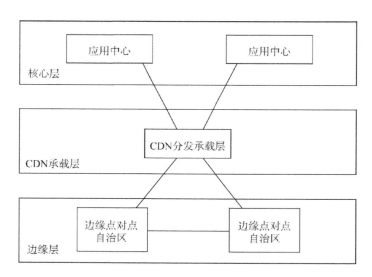

图 1-14　CDN 网络体系结构

与传统的内容发布模式相比较，CDN 强调了网络在内容发布中的重要性。在传统的内容发布模式下，内容的发布由中心服务器完成，而网络只表现为一个透明的数据传输通道，这种透明性表现在网络的质量保证仅停留在数据包的层面，而不能根据不同的内容对象区分不同的服务质量。此外，由于 IP 网的"尽力而为"的特性使得其质量保证是依靠在用户和应用服务器之间端到端地提供充分的、远大于实际所需的带宽通量来实现的。在这样的内容发布模式下，不仅大量宝贵的骨干带宽被占用，中心服务器的负载也变得非常重，而且不可预计。当发生一些热点事件或出现浪涌流量时，将产生局部热点效应，从而使中心服务器过载退出服务。这种基于中心的应用服务器的内容发布模式的另一个缺陷在于个性化服务的缺失和对宽带服务价值链的扭曲，内容提供商承担了不必要的内容发布服务。

目前，国内访问量较高的大型网站（如新浪、网易等）均使用了 CDN 网络加速技术，虽然网站的访问量巨大，但无论在什么地方访问都会感觉速度很快。而对于一般的网站来说，如果服务器在网通，电信用户访问很慢；如果服务器在电信，网通用户访问又很慢。

10）内容中心网络

随着科技的不断创新和发展，互联网已经从传统的客户端-服务器通信模式转变成现在广泛使用的内容分发网络。同时，互联网的用户行为也在发生变化[28]，从传统关注服务器和主机 IP 地址，转变为只关心数据的内容是否符合要求。因此，传统的基于 TCP/IP 协议的互联网架构面临的主要挑战包括高效可扩展内容分发、海量普适计算设备、多宿主和多链接、移动性支持。为了解决上述问题，对未来网络进行改进与设计，研发人员开始研究并设计了内容中心网络[29]。

如图 1-15 所示，CCN 网络体系结构保持了传统 TCP/IP 结构的沙漏模型，不同之处在于中间层的协议用命名数据取代 IP，直接以内容名字进行路由，实现点到点的高效内容分发。这种命名方式只与其传输的信息有关，给网络节点的可移动性带来了方便。CCN 构建了存储功能，中间节点可以暂时缓存数据，提高了数据的利用率。此外，CCN 网络体系结构设计了安全层，对核心网络包进行封装保护。

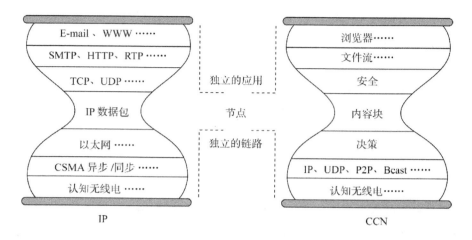

图 1-15　基于 IP 的网络体系结构与 CCN 网络体系结构的比较

CCN 的特点包括以下几个方面。

（1）安全。安全是 CCN 网络体系结构的一部分，其中数据签名为未来互联网提供了必不可少的安全性。CCN 网络体系结构不存在数据通道的安全问题，因为数据没有固定的通道，可以存储在任意的缓存节点。此外，CCN 网络体系结构对许多 DoS 攻击有天生的防御能力。

（2）性能。CCN 天生支持内容分发和多播功能，相对于当今 IP 网络具有明显的优势。另外，CCN 在动态内容、点对点通信上也具有和 IP 网络相当的性能，并具有比 IP 更高的灵活性、安全性和稳健性。

（3）流量调节。流量均衡调节功能是网络应具备的功能之一，CCN 具有自然的流量调节能力，在数据转发时，可以根据链路状况选择转发策略，从而均衡整个网络流量。此外，CCN 的中间节点可以缓存经过的数据，这种设计节省了用户访问同一数据的响应时间，进而从整体上减少了整个网络的流量。

（4）简化应用部署。互联网上的很多应用都需要复杂的中间件，以进行IP地址和应用关心的内容之间的映射，而CCN可以大大简化应用的部署与开发。

1.1.3　内容中心网络的工作机制

内容中心网络有两种类型的包[29]，分别为兴趣包（Interest Packet）和数据包（Data Packet）。兴趣包由请求者（用户）发出，作用是请求所需的内容对象；数据包由内容服务节点（发布者服务器或CCN路由器）发出，作用是将内容数据返回给请求者。通常一个兴趣包对应一个数据包，任何收到兴趣包的网络节点，如果本地没有目标内容，将根据路由策略选择性地转发到邻居节点，直到找到拥有该数据的节点。在兴趣包经过的路径上，任何缓存的副本都可以满足请求。如果节点保存了匹配兴趣包请求的内容对象，数据包就沿着兴趣包经过的路径逐跳返回到请求者，数据包自身不需要单独设计路由和转发策略。

CCN的路由节点扩展了传统路由节点的功能，不仅承担了兴趣包的转发和路由任务，还具备一定的存储能力。转发和存储的具体实现依赖CCN路由节点的3种数据结构，分别是内容存储表（Content Store，CS）、待定兴趣表（Pending Interest Table，PIT）和转发信息表（Forwarding Information Base，FIB）。CS用于记录节点已缓存的数据包，并为后续到达的兴趣包提供快速匹配查找的服务。PIT用于记录经过该节点的兴趣包的名称和接口，其中一个作用是避免相同的兴趣包在网络中重复传输，对兴趣包起收敛聚合的效果；PIT的另一个作用是为数据包的逐跳返回提供下一跳的转发接口，当内容数据传回到请求者后，记录的PIT条目被删除。FIB用于将兴趣包转发到目的节点，当发布者产生一个新的内容时，将通过泛洪内容注册信息的方式，在每个路由节点上建立到达发布者的 FIB 条目。

（1）CCN 的兴趣包的工作机制：当内容路由器从一个接口收到来自请求者的兴趣包时将采取最长前缀匹配，对存储在 3 种数据结构的信息逐一进行匹配查询。具体的查询过程为：当一个兴趣包到达后，先匹配 CS，若有则将数据包通过兴趣包的进入接口直接返回给请求者，并丢弃该兴趣包。若 CS 中无匹配项则查询 PIT。若 PIT 中有该内容名字的记录，说明在该节点上已有相同兴趣包在此前请求过，则在 PIT 的相同条目下添加新兴趣包的进入接口，并等待数据包的返回，同时将兴趣包丢弃；否则在 PIT 中新建请求条目，并继续查询 FIB 以决定兴趣包下一跳转发接口。如果 FIB 中仍然没有匹配条目，说明此时网络中还没有该内容存在，兴趣包被丢弃。

（2）CCN 的数据包的工作机制：当所请求的内容对象在发布者服务器或路由节点的 CS 中找到时，先将兴趣包丢弃，再将内容封装在数据包中，并基于 PIT 的记录信息以逐跳的方式返回到请求者。具体过程为：当一个路由节点收到数据包时，先根据已设定的缓存算法缓存数据包，然后在 PIT 中采取最长前缀匹配法查找内容名字对应的接口。若存在多个接口，则复制数据包，实现多播传输。路由节点将数据包转发后会删除 PIT 中相应的条目。假设 PIT 中无匹配项，则直接将数据包丢弃。

1.1.4 研究挑战

1. 路由和转发

为了使 CCN 能够实现全球规模的部署，首先需要解决的问题是实现具有可扩展性的路由和能够线速转发的引擎。可扩展性路由设计需要解决 3 个方面的问题：①快速找到兴趣包请求的内容；②充分利用网络中的路由节点缓存的大量相同的内容，实现多路径转发策略；③当网络拓扑发生变化时，如链路拥塞或路由节点失效，相应的转发表应立即更新，并为后续请求的兴趣包重新规划路线。线速转发引擎的设计需要解决 2 个方面的问题：①最长前缀匹配查找变长的分级名称；②有限的路由表空间处理无限的命名空间。

2. 缓存策略

CCN 路由器中加入了存储功能，这是与传统 IP 路由器的一个重要区别。一旦兴趣包命中节点缓存而非网络核心的发布者，不仅降低带宽的使用，还可以均衡网络流量。因此，如果采用合适的缓存策略，CCN 将在传输方面远胜于 IP 网络。目前，在缓存领域面临着 3 个挑战：①由于路由表缓存空间有限，需要在不同场景下采取不同的缓存替换策略，如最近最少使用（Least Recently Used，LRU）策略或先入先出（First Input First Output，FIFO）策略等；②需要设计快速有效的验证签名方式，避免缓存污染攻击；③防止针对缓存的 DDoS 攻击。

3. 安全性

设计安全的网络架构也是 CCN 面临的一个重要挑战。CCN 与保障转发路径安全的 TCP/IP 网络不同，虽然在架构设计之初，CCN 就将保护内容数据放在首要位置：CCN 为每个数据包捆绑一个电子签名，并在经过的节点上对内容数据的完整性和数据出处进行验证，但这依然不能解决所有的安全问题，CCN 安全性设计面临 3 个问题：①根据代价有效性，需要设计一种快速匹配、计算和使用有限带宽的签名方案；②无论使用数据散列表，还是基于 URL 的命名方式都会显式地暴露部分内容信息；③在 CS 中复制内容的真实性需要进行验证。

4. 移动性

CCN 通过请求者发送兴趣包进行驱动，移动节点可以基于它们需要的数据进行通信而不用计算一个特定的通信路径。CCN 是一种天然支持内容请求/应答的模型，因此非常适合请求者处在移动的场景。更大的挑战体现在：第一，当发布者发生移动时需要保持路由的一致性，尤其是在高速移动情况下的动态或冷门的内容数据，发布者移动将对网络带来巨大的冲击；第二，数据包在返回之前，如果中间的路由节点发生了移动，网络会累积过多的请求，将造成请求时延的增加。

5. 可控性

在传统的 CCN 方案中没有考虑网络管理功能，但未来 CCN 走向真实的运营环境后，这是一个必须要解决的问题。第一，CCN 需要设计管理系统，方便管理员配置和更新网络，当部署新服务器或更新应用时，可以加快部署；第二，需要设计主动监控系统，实现网络的自诊断、自优化，减少人工干预；第三，需要增加类似 Net-Flow 或 SNMP 等协议，实现网络的流量监测和收集。

1.2 内容中心网络研究现状

随着互联网的快速发展，网络用户行为也在随之变化[31,32]，从传统的关注服务器和主机 IP 地址，到现在只关心内容。基于 TCP / IP 的现有互联网也逐渐暴露出许多问题，包括高效可扩展内容分发、海量普适计算设备、多宿主和多链接、移动性支持。为了解决上述问题，国内外主要有"改良"和"改革"两种思路。目前，基于 IP 网络的增补方案或覆盖网络通过在应用层"打补丁"来增强内容分发，这种不改变互联网 IP 主体地位的方式属于"改良"，但大规模的组播部署方式仍以主机为中心，没有从根本上解决问题；另一种思路是替代 IP 的主体地位，打破端到端的通信模式，设计新型的网络体系结构,称为"改革"。在"改革"方面做得比较完善的就是内容中心网络体系结构,目前关于内容中心网络的研究主要包括以下几个方面。

1.2.1 缓存策略研究

内容中心网络的缓存策略包括缓存决策策略和缓存替换策略两部分。缓存决策策略是指决定在哪些节点缓存什么样的网络内容;缓存替换策略是指当网络内容的流行度发生变化或者内容中心网络的缓存存储空间不足,同时又有新的网络内容需要缓存时,如何选择 CCN 路由器节点中需要被舍弃的缓存内容,进而为需要被缓存网络内容释放空间。总体来说,研究者对缓存决策策略的关注要高于缓存替换策略,毕竟网内缓存对于网络性能具有更大的影响。

典型的缓存决策策略(具体工作原理见第 2 章)包括沿路径缓存(Leave Copy Everywhere,LCE)策略、向下复制(Leave Copy Down,LCD)策略、向下复制删除(Move Copy Down,MCD)策略、搜索方案、基于概率的缓存(ProbCache)策略、基于停留时间的缓存决策策略和基于内容流行度的缓存放置策略等。其中,LCE 策略是 CCN 默认的缓存决策策略,该策略的主要思路是当用户请求的内容命中时,在沿请求路径返回的过程中经过的每个节点上都缓存该内容,但是 LCE 策略存在一定的弊端,即造成网络系统中出现缓存冗余。LCD 策略解决了 LCE 策略产生的缓存冗余的问题,但是对于用户经常访问的热点内容,却需要多个访问步骤才能到达网络边缘,从而也造成了一定的冗余。MCD 策略与 LCD 策略一样,因为源内容服务器上的数据内容是保持永久不变的,所以 MCD 策略与 LCD 策略相比,大大降低了系统中的冗余度,但是该策略随着节点会动态变化,从而造成额外的网络开销。ProbCache 策略[33]是一种基于概率的缓存策略,它允许传输路径上的节点根据本地缓存

能力以概率 p 对数据内容进行缓存，以概率 $1-p$ 不缓存数据内容，其中，p 的值可以根据本地缓存能力的不同做相应的调整。文献[34]中介绍了一种改进的加权 ProbCache 算法，目的是通过加权的方法尽量使数据内容以更大的概率缓存在距离用户较近的地方，有利于数据内容向网络边缘移动，在公共路径上留下充足的空间传输其他数据内容。文献[35]提出了一种基于停留时间的缓存策略，首先停留时间是指数据内容在缓存中停留的时间，因为数据内容总量庞大，而单节点的缓存空间有限，所以已经被缓存的数据内容总会被其他数据内容替换，因此数据内容的平均停留时间是一个有限的实数。基于停留时间的缓存策略可以使内容缓存在平均停留时间较长的节点中，且相邻节点不会缓存同样的数据内容，从而提升网络缓存的效率和缓存内容的多样性，减少用户请求服务的总跳数，提高请求命中率。总体来说，如何更合理地选择内容存储位置或更合理地设计缓存概率，实现网络中内容存储冗余的下降和网络存储分布的优化（高流行度的内容尽可能邻近用户存储），是研究者一致关注的目标，这方面还有较多研究工作需要开展。

特别需要提及的是，根据用户的请求兴趣，主动请求或推送内容，是缓存决策策略中的新动态，其典型代表是文献[44]中提出的 WAVE 策略。该策略根据内容请求的次数，以指数递增的方式逐步增加回传路径上每个路由器中缓存数据块的数量，这样用户请求频繁的内容将以更大比例存储在邻近用户的节点上，以便用户就近取得，但该策略同样未考虑数据块在缓存中的停留时间问题。

典型的缓存替换策略（具体工作原理见第 2 章）包括随机替换策略、最近不常使用替换（Least Frequently Used，LFU）策略、最近最少使用（Least Recently Used，LRU）替换策略和一些改进策略，以及先入先出（First Input First Output，FIFO）策略等。随机替换策略是当节点中需要放置新的缓存内容时，对该节点缓存空间中的原内容随机选择替换。LRU 策略[35-36]是替换节点（Content Store，CS）区域上最近最少使用的内容。它的含义是最近访问时间内最少访问的内容失去了热度,因而将其从 CS 中删除,把存储空间留给其他最近的流行内容。但是该策略存在很大的问题,当某个内容在最近时间内被访问时,即使它可能只被访问一次,也可能替换掉节点上 CS 区域的"热点"内容,这就导致了节点上 CS 区域空间资源的不合理使用。LFU 策略[37]能够统计最近某个时间段内不同内容被访问的次数,移除访问次数较少的数据内容,引入新的数据内容进行更新。LFU 策略虽然改善了 LRU 策略在缓存更新时可能替换掉"热点"内容的问题,热点内容长期保留在 LFU 记录中会造成潜在的缓存污染。LRFU 策略[38]是 LRU 策略和 LFU 策略的结合,具体来说,就是针对不同的具体情况,计算 LRU 策略、LFU 策略的影响因素(访问时间和访问频率不同的权重),以适应不同的需要。但是,LRFU 策略在确定影响因子的权重方面是一个难题。FIFO 策略[39]的核心思想是最先缓存的内容最先被删除。FIFO 策略的实现非常简单,只需要借助一个队列就可以完成。但是,FIFO 策略缺乏对内容流行度的考虑,从而可能导致缓存污染问题。

从缓存替换策略的现有研究工作来看,结合内容请求流行度开展策略设计是主要趋势,设计目标一方面应保持低复杂性,另一方面应良好平衡不同流行度内容在网络各节点中的存储比例,保证网内存储内容的多样性对于提升 CCN 全网性能至关重要,这方面的工作还有一定的研究空间。

将 CCN 架构应用于无线网络[45],也是近年来兴起的一个研究分支,而无线 CCN 中的缓存决策问题就显得至关重要。这方面的研究工作,目前主要从两个方向开展:一是考虑无线节点处理能力与缓存容量有限,需要更严格地控制无线节点的缓存开销;二是针对无线 CCN 网络应用场景,结合具体应用特点开展跨层设计工作。从控制无线节点缓存开销的角度,Xu 等[46]针对无线网络环境,提出了一种基于节点的无线网络位置及缓存大小等因素的协作式缓存机制,以避免网络中存在过多副本。Zhou 等[47]通过在无线网络中选择缓存利用率较高的节点,平衡网内的缓存内容副本数与内容获取速度。从与具体网络应用场景结合的角度,文献[48]中针对移动社交网络,根据社交关系中的兴趣属性，选择与目标节点具有类似兴趣的节点（相遇概率较大）缓存目标关注内容，实现内容尽可能快速地转发。文献[49]中针对 VANET 中车辆间的社交协作关系，提出了基于信使辅助机制的协作缓存机制，该机制旨在增强 CCN 的缓存性能，提高流媒体的服务质量。

详细的研究工作将在第 4 章讨论分析。

1.2.2　路由转发策略研究

基于 IP 协议的传统路由方式的四大技术难题包括 TCP/IP 的地址空间枯竭、渗透问题严重、移动性支持困难及 IP 地址管理复杂。内容中心网络的核心是以内容为中心，具备基于名字对内容进行定位的能力，即基于名字的路由。因此，内容中心网络的路由转发策略影响着其体系结构的性能与效率。

如表 1-5 所示，现有的 CCN 路由转发策略主要包括 3 种：全转发策略、随机转发策略、蚁群转发策略。全转发策略是当前 CCN 原型中采用的策略。路由节点根据 FIB 中的指令将兴趣包转发给所有下一跳端口。这样的路由策略可以减少数据延迟，但会导致大量的冗余传输，造成流量的浪费。在随机转发策略中，路由节点随机选择一个下一跳端口作为路由兴趣包的转发端口，以减少网络中的冗余流量，但不能保证请求内容的用户可以尽可能快地获取内容对象。基于蚁群算法的转发策略称为蚁群转发策略，在文献[36]中首次提出，基于蚁群算法的转发策略在网络中发送嗅探报文以探索下一跳端口的路径信息，找到最佳端口，该方法具有较强的稳健性，可以同其他方法相结合，通过正反馈的方式收集需要的信息，现在常用来解决路由优化、资源调度等问题。

详细的研究工作将在第 3 章讨论分析。

表 1-5　CCN 路由转发策略

转发策略	路由转发方式	缺　　陷
全转发策略	路由节点根据 FIB 中的指令将兴趣包转发给所有下一跳端口	造成多余的路由冗余
随机转发策略	路由节点随机选择一个下一跳端口作为路由兴趣包的转发端口，以减少网络中的冗余流量	无法获得较为稳定的网络性能
蚁群转发策略	通过在网络中发送嗅探报文以探索下一跳端口的路径信息	无法利用邻近缓存

1.2.3　内容命名机制研究

在 CCN 中，内容名字是内容的唯一标识，因为在 CCN 中的数据包不再需要指定源地址与目标地址，取而代之的是直接采用内容对消息进行命名。TRIAD（Translating Relaying Internet Architecture Integrating Active Directories）[40]与 NDN[41]共同提出一种具有层次性的文件内容命名方法，以类似于 Web URL 的结构化标识名对内容进行命名，用于网络唯一确定内容对象。相比扁平化命名，这一命名规则的设计可以通过内容聚合有效提高路由器的可扩展性。CCN 命名机制的设计原则为：①唯一性：内容对象在全网中应该具有唯一的命名，以便实施有效的内容检索；②位置无关性：内容名字应独立于主机位置，当内容在网内被移动或复制时，内容名字不会改变；③可扩展性：内容名字应体现出关联数据对象之间的联系（如某个文件拆分出的多个数据块），并通过解耦命名与寻址，对组播、多播提供支持。

典型的 CCN 命名应包括内容前缀、内容提供者、内容类型及具体内容信息。例如，在内容名字"/njupt.edu.cn/ Video/Computer_Networks/Lecture_1.mpeg"中，"/njupt.edu.cn/Video/Computer_Networks"为内容前缀，用于在网络中进行内容的查找和转发，"/njupt.edu.cn"表示内容提供者，"/Computer_Networks"

表示内容类型，"/Lecture_1.mpeg"为具体内容的名字。

分层命名和扁平命名方法均具有各自的优缺点。在形式上，分层命名比扁平命名更便于人们理解和记忆，并且其可聚合的特点也有利于控制路由规模，但后者在安全性、灵活性方面比前者更具优势。

1.2.4 网络安全机制研究

由于 CCN 架构的特性，CCN 网络面临的隐私和风险比当前网络要大得多。CCN 的网络安全问题亟待解决。在隐私保护方面，CCN 包含可访问和不可访问两部分，在不可访问部分使用公共密钥进行加密和身份验证。针对 CCN 网络体系结构，内容对象的命名方式和内容安全机制的结合具有很大的挑战。CCN 安全机制直接从路径保护转变为面向内容的保护，CCN 网络体系结构采用了层次化的命名体系，使用前缀最长匹配的方式对内容名字进行解析。如果节点路由器存有请求的内容，则立即返回，若没有相应内容，则通过匹配将请求继续发到下一个路由器节点，直到请求被满足。在 CCN 网络体系结构中，名字路由和内容传输的过程是合二为一的，而且这一设计完全抛开了 IP 网络的概念。但层次化的命名方式与网络拓扑无关，同样也会导致路由表膨胀。因此，为了显示 CCN 能够实现全球规模的部署，首先要解决的问题是可扩展的路由和限速的转发引擎。如何有效地基于内容名字进行路由，在建立路由的过程中合理有效地利用网络中的缓存，参考概率路由设计，提升转发兴趣包在 CCN 网络中的命中概率，甚至建立多路径转发，仍然是 CCN 中值得研究的关键问题之一。同时，泛洪攻击、内容源攻击和移动封锁攻击都是路由机制要解决的问题。

CCN 的目标是实现高效、安全和易于维护的内容分发，但是 CCN 的内在特征使其面临与 TCP/IP 不同的隐私和可用性的风险，这迫切需要一些新的安全解决方案来检测和阻止所有的潜在攻击。这些解决方案需要满足 5 个安全需要：机密性、数据完整性、可认证性、隐私保护和有效性。

（1）机密性：只有符合条件的实体能够访问安全的信息。

（2）数据完整性：接收端能够识别/鉴定接收内容在传输过程中任何无意或有意的改变。

（3）可认证性：接收端能够验证接收内容的发布者是否合法。

（4）隐私保护：能够对通信节点的身份、行为、通信内容等隐私信息进行保护。

（5）有效性：保证了对于授权实体来说网络中发布的内容必须能够可用和可访问。

详细的研究工作将在第 5 章讨论分析。

1.3 内容中心网络发展趋势

互联网发展到今天，在饱受诟病的同时，依然承担着日益增多的传输业务。作为下一代互联网的典型代表，CCN 从被提出就获得学术界和产业界的高度关注，经过多年的研究，缓存及设计依然是 CCN 网络的关键问题，但同时 CCN 网络在服务规模与可扩展性、支持主动防御等问题上也亟待解决。

1.3.1 服务规模与可扩展性

在互联网的快速发展过程中,针对传统 TCP/IP 固定层次互联网的体系结构和设计理念等严重不足的情况[42],众多研究人员把目光投向了对可扩展性的要求。由此可见,在网络研究中可扩展性研究的必要性和重要性。

可扩展性是对网络体系结构在扩展能力方面的一种衡量,可扩展性分析方法是可扩展性研究的关键工具,但是由于网络系统本身的复杂性和体系结构的多样性,对可扩展性的研究仍然缺少比较系统性的分析方法。文献[42]中从系统规模变化的角度定义了可扩展性,即可扩展性是指用户和系统资源的增加不会导致系统性能的明显下降及管理的复杂性。对于网络体系结构,这样的可扩展性定义不够全面,对网络体系结构的可扩展性特征还不能准确表达。文献[43]中提出了网络完全可扩展性、优化可扩展性和弱扩展性的概念,可以看作网络变化对整体性能的影响能力的定义。这是从可扩展的能力上来进行分类的,可以有效地用于比较不同系统的可扩展性,但这种分析并不能深入解释体系结构可扩展性优劣的影响因素。

综合现有的网络可扩展性及其分析方法所面临的问题,用统一的描述方式将不同的网络系统的服务行为抽象为服务拓扑模型,用统一的评价模型进行服务可扩展性分析,以便能够对不同的网络系统进行比较全面且正确的可扩展性评价。同时,由于网络用户与信息对象的数目非常巨大,如果将信息对象的路由表保存下来,那么该路由表的规模将非常庞大而无法应用于实际系统的运行之中。在系统框架的设计中,缩减路由表项的数目规模需要非常注意。

此外,为了支持网络的可移动性,信息需要及时地传递并更新,这也需要在网络节点之间进行频繁的信息传递。在大规模网络中,如何有效地处理这些信息，也是一个需要注意的问题。

1.3.2 支持主动防御的网络安全技术

2018 年 2 月，韩国平昌冬季奥运会遭黑客攻击导致观众无法打印门票入场；2018 年 2 月底，美国体育运动装备品牌 Under Armour 发现遭到黑客攻击，导致大量用户受到影响；2018 年 8 月，全球最大的半导体制造商台积电遭受 WannaCry 勒索病毒变种入侵，生产线全数停摆；2018 年 11 月，万豪酒店约 5 亿条用户数据被非法访问甚至泄露；2019 年 3 月，委内瑞拉疑似因网络被攻击造成全国大面积停电等，不断被披露的国内外网络安全事件及由此带来的严重后果也逐渐暴露了传统的网络安全防御技术存在的问题。

传统的网络安全防御思想是在现有网络基础架构的基础上建立包括防火墙和安全网关、安全路由器/交换机、入侵检测、病毒查杀、用户认证、访问控制、数据加密技术、安全评估与控制、可信计算、分级保护等多层次的防御体系。相比传统信息系统的静态性、相似性和确定性，主动防御系统具有很好的非持续性、非相似性和非确定性的基础属性，这与网络攻击所依赖的静态性、相似性和确定性正好相反。

主动防御针对攻击链依赖传统系统架构和运行机制特有的脆弱性，组合应用多维重构技术和动态化、多样化、随机化的安全机制，扰乱或阻断攻击链，增加攻击难度，实现不依赖先验知识的主动防御；利用现有的安全防御手段，通过与主动防御机制的深度组合运用，构成主动融合式防御体系，能够倍增甚至指数化地增加内外部攻击的难度；通过函数结构和动态机制的组合（乘法准则）应用，大幅度地降低漏洞或后门利用的可靠性。

1.3.3 基于内容寻址的服务承载网

多样化寻址、基于路由方式的多模多态共存寻址、路由结构决定了信息通信网的所有特征及所能提供的路由服务能力。随着 IP 网络业务形态的不断丰富，业务对网络的需求越来越多样、越来越多变，而 IP 网络的路由服务能力却是有限的、确定的，这就导致了业务需求与网络固有路由能力之间的差距日益扩大，从而使得网络难以支持多样化的业务。为了解决 IP 网络层功能单一、服务质量难以保证、移动支持乏力等瓶颈问题，基于内容寻址的网络体系能够解决当前网络中内容重复传输的问题。然而，如果把当前的网络结构推翻，重新构建一个基于内容寻址的网络，需要付出巨大的代价。网络虚拟化和 SDN 技术使得在现有网络上构建基于内容寻址的服务承载网络成为可能，将基于内容寻址网络作为现有网络体系中的一项服务，为网络突发事件、网络过载时的数据传输提供一种解决方案，不失为一种很好的应用。

1.4 小结

本章从内容中心网络概述、内容中心网络研究现状及内容中心网络发展趋势 3 个方面对内容中心网络的相关内容进行阐述。在内容中心网络概述中，首先介绍了网络体系结构的基本概念及分类；其次介绍了网络体系结构的演进，传统的网络体系结构包括 OSI 网络体系结构、TCP/IP 网络体系结构及 P2P 网络，新型网络体系结构包括 DONA 体系结构、PSIRP、4WARD、一体化网络、标识分离网络、可重构网络软件定义网络、信息中心网络、内容分发网络及内容中心网络等；再次针对内容中心网络体系结构，介绍了其工作机制；最后分析了内容中心网络的研究挑战，包括路由和转发、缓存策略、安全性、移动性及可控性等。在内容中心网络研究现状中，分别从缓存策略研究、路由转发策略研究、内容命名机制研究及网络安全机制研究 4 个方面调研了国内外学者对内容中心网络的发展所做的贡献。在内容中心网络发展趋势中，讲述了内容中心网络未来的研究方向，具体的内容中心网络路由机制研究、缓存机制研究及安全机制研究将在下面各章节中进行详细介绍。

参考文献

[1] Jang H C，Hsu T Y. Infrastructure Based Chord Structure for P2P File Sharing over Vehicular Network [J]. Journal of Networks，2013，8(3)：588-597.

[2] Koponen T，Chawla M，Chun B G，et al. A data-oriented (and beyond) network architecture [J]. ACM SIGCOMM Computer Communication Review，2007，37(4)： 181-192. Project PSIRP. http：//www. psirp.org，Jan 2010.

[3] 杨柳，马少武，王晓湘. 以内容为中心的互联网体系架构研究 [J]. 信息通信技术，2011，5(06)：66-70.

[4] Dannewitz C. NetInf：An Information-Centric Design for the Future Internet [J]. Proc.3rd GI/ITG KuVS Workshop on the Future Internet，2009.

[5] Brunner M，Abramowicz H，Niebert N，et al. 4WARD： a European perspective towaeds the future internet [J]. IEICE transactions on communications，2010，93(3)：442-445.

[6] Dave Clark. Making the world (of communication) a different place [J]. ACM SIGCOMM Computer Communication Review，2005，35(2)：91-96.

[7] 张宏科，苏伟. 新网络体系基础研究——一体化网络与普适服务 [J]. 电子学报，2007(04)：593-598.

[8] Zhang B，Massey D，Pei D，et al. A Secure and Scalable Internet Routing Architecture

[R]. Technical Report TR-06-01，University of Arizona，Apr 2006.

[9] Huston G. Architectural Commentary on Site Multi-homing using a Level 3 Shim [EB/OL]. (2019)[2005] http：//tools.ietf.org/html/draft-ietf-shim6-arch-00.

[10] Xu Xiaohu，Guo Dayong. Hierarchical routing architecture (HRA) [A]. In： Proceedings of Next Generation Internet Networks (NGI'08), 2008 [C]. Piscataway，NJ，USA：IEEE，2008.

[11] Imai K，Yabusaki M，Ihara T. IP2 Architecture towards Mobile Net and Internet Convergence，2002 [C]. WTC2003，Sept 2002.

[12] O'Dell M. GSE-An Alternate Addressing Architecture for IPv6 [EB/OL]. (2019)[1997]，http://www.watersprings.org/pub/id/draft-ietf-ipngwg-gseaddr-00.txt.

[13] Whittle R. Ivip Mapping Database Fast Push [EB/OL]. (2019)[2008] http://tools.ietf.org/html/draft-whittle-ivip-db-fast-push-01.

[14] 张建伟. 身份与位置标识分离映射解析关键技术研究 [D]. 郑州：解放军信息工程大学，2010.

[15] 兰巨龙，程东年，胡宇翔. 可重构信息通信基础网络体系研究 [J]. 通信学报，2014，35(01)：128-139.

[16] 兰巨龙，熊钢，胡宇翔，等. 可重构基础网络体系研究与探索 [J]. 电信科学，2015，31(04)：63-71，77.

[17] 马丁，庄雷，兰巨龙. 可重构信息通信基础网络端到端模型的研究与探索 [J]. 计算机科学，2017，44(06)：114-120.

[18] Egi N，Greenhalgh A，Handley M，et al. Towards high performance virtual routers on commodity hardware，2008 [C]. Proceedings of ACM CoNEXT，2008.

[19] Todman T J，Constantinides G A，Wilton S J E. Reconfigurable computing： architectures and design methods [J]. IEEE Proc.-Computer Digital Technology，2005，152(2)：193-207.

[20] Srikanteswara S，Reed J H，Athanas P. A soft radio architecture for reconfigurable platforms [J]. IEEE Communications Magazine，2000，(2)：140-147.

[21] Whisnant K，Kalbarczyk Z T，Iyer R K. A system model for dynamically reconfigurable software [J]. IBM System Journal，2003，42(1)：45-59.

[22] 兰巨龙，胡宇翔，张震，等，未来网络体系与核心技术 [D]. 北京：人民邮电出版社，2017.

[23] Casado M, Freedman M J, Pettit J, et al. Ethane: taking control of the enterprise [J]. ACM SIGCOMM Computer Communication Review, 2007, 37(4): 1-2.

[24] Mckeown N, Anderson T, Balakrishnan H, et al. OpenFlow: enabling innovation in campus network [J]. ACM SIGCOMM Computer Communication Review, 2008, 38(2): 69-74.

[25] 张杰. 信息中心网络(ICN)网络架构浅析[J]. 信息通信技术, 2017, 11(06): 27-32.

[26] Malik A, Ahlgren B, Ohlman B, et al. Experiences from a field test using ICN for Live Video Streaming[EB/OL] . (2019)[2015-11-01]http://DOI:10.1109/ ICMEW.2015.7169800.

[27] Zhu Z, Burke J, Zhang L, et al. A new approach to securing audio conference tools, 2011 [C]. Asian Internet Engineering Conference, AINTEC, 2011.

[28] Z Zhu, S Wang, X Yang, et al. Act: An audio conference tool over named data networking, 2011 [C]. ACM Sigcomm workshop ICN'11, August 2011.

[29] 闵二龙, 陈震, 徐宏峰, 等. 内容中心网络 CCN 研究进展探析 [J]. 信息网络安全, 2012, 2: 6-10.

[30] Greenemeier L. Content is king: can researchers design an information-centric internet? http://www.scientificamerican.com/article.cfm?id=internet-infrastructure-information redesign, 2012.

[31] Jacobson V, Smetters D K, Thornton J D, et al. Networking named content [C]. Proceedings of CoNEXT, Rome, Italy, 2009.

[32] Koponen T, Chawla M, Chun B G, et al. A data-oriented (and beyond) network architecture [J]. ACM SIGCOMM Computer Communication Review, 2007, 37(4): 181-192.

[33] Tolia N, Kaminsky M, Andersen D, et al. An architecture for Internet data transfer [C]. In: NSDI'06, San Jose, California, USA.

[34] Psaras I, Clegg R G, Landa R, et al. Modelling and Evaluation of CCN-Caching Trees[M]. Springer Berlin Heidelberg, 2011: 78-91.

[35] Ming Z, Xu M, Wang D. Age-based cooperative caching in information-centric networking, 2014 [C]. Computer Communication and Networks (ICCCN), 2014 23rd International Conference on. IEEE, 2014.

[36] Brunner M, Abramowicz H, Niebert N, et al. 4WARD: a European perspective towards the future internet [J]. IEICE transactions on communications, 2010, 93(3): 442-445.

[37] CONNECT project. http://anr-connect.org.

[38] ANR project. http://anr-connect.org.

[39] Cheriton D, Gritter M. TRIAD: a scalable deployable NATbased internet architecture. Technical Report, Jan. 2000, http://www-dsg.stanford.edu/triad.

[40] Jacobson V. Networking Named Content, 2009[C]. CoNEXT, Rome, 2009.

[41] Jian R. Internet 3. 0: Ten Problems with Current Internet Architecture and Solutions for the Next Generation, 2006 [C]. Proceedings of IEEE Military Communications Conference (Milcom 2006), Washington, DC: IEEE Press, 2006.

[42] Neuman B C. Scale in Distributed Systems [M]. Readings in Distributed Computing System. Los Alamitos: IEEE Computer Society Press, 1994: 463-489.

[43] Arpacioglu O, Small T, Haas Z J. Notes on scalability of wireless ad hocnetworks [S]. Internet draft, work in progress, 2003.

[44] Cho K, Lee M, Park K, et al. Wave: Popularity-based and collaborative in-network caching for content-oriented networks, 2012 [C]. 2012 IEEE Conference on. IEEE, 2012.

[45] Chandrasekaran G, Wang N, Tafazolli R. Caching on the move: towards D2D-based information centric networking for mobile content distribution, 2015 [C]. Local Computer Networks (LCN), 2015.

[46] Xu Y, Li Y, Lin T, et al. A dominating-set-based collaborative caching with request routing in content centric networking, 2013 [C]. 2013 IEEE International Conference on Communications (ICC). IEEE, 2013.

[47] Zhou L, Zhang T, Xu X, et al. Generalized dominating set based cooperative caching for content centric ad hoc networks, 2015 [C]. 2015 IEEE/CIC International Conference on Communications in China (ICCC). IEEE, 2015.

[48] Talipov E, Chon Y, Cha H. Content sharing over smartphone-based delay-tolerant networks [J]. IEEE transactions on mobile computing, 2013, 12(3): 581-595.

[49] Quan W, Xu C, Guan J, et al. Social cooperation for information-centric multimedia streaming in highway VANETs, 2014 [C]. 2014 IEEE 15th International Symposium on a. IEEE, 2014.

第 2 章
Chapter 2

内容中心网络核心技术

作为未来网络体系结构之一的内容中心网络，是一种"革命型"的网络体系结构，其进行网络通信的主体单元是内容本身，换言之，就是采用"信息共享通信模型"来进行可靠的、高效的信息分发，其被视为最有发展潜力的未来网络体系结构。本章主要介绍内容中心网络的相关核心技术。

2.1 内容中心网络内容命名技术

当前互联网存在 IP 地址语义过载的问题，即 IP 地址既代表了节点在网络中的拓扑位置，又代表了节点的标识。同时，IP 地址的语义过载也将产生移动性、扩展性、安全性等问题，因此，将位置与标识分离已成为未来网络重点研究的方向之一[1]。在以内容为中心的网络结构中，网络的核心从位置转为内容，通信的过程以基于"请求内容-获得内容"代替"主机-主机"，从而决定了位置和标识分离是未来互联网体系结构发展的关键技术。近几年在各国科研机构提出的以内容为中心的网络结构中，命名技术大部分是针对内容命名的，以有效解决语义过载的问题。此外，命名技术也在其他方面有了很大的改进。

2.1.1 扁平化命名机制

与 NDN 不同,以数据为中心的网络[2]、信息网络[3]及发布-订阅模式互联网路由选择范例[4,5]等均采用扁平化命名的机制,利用内容内部属性来定义标识。在以数据为中心的网络中,使用<P:L>格式的标识来定义一个内容,其中,P 是一个公共密钥的散列,L 是一个全局唯一的标识。信息网络中提出了一种 IO-DO 模式的命名机制,信息对象(Information Object,IO)表示一种事物的所有相关集合,而不是特定的某种事物;数据对象(Data Object,DO)表示一个特定的信息对象,例如,一首歌曲可以定义为信息对象,不需要确定它的编码方式、大小等细节特性,只需要确定它的名字就可以确定这个信息对象,然后在信息网络中通过这个标识查找这个信息对象,而数据对象是对这个歌曲进行特定编码(如 MP3)的对象,特定编码对象的不同副本都可以归类为相同的数据对象。在发布-订阅模式互联网路由选择范例项目中,根据其网络体系结构特点,提出了 4 种标识,分别为应用层标识(Application Level IDentifier,AID)、汇聚标识(Rendezvous IDentifier,RID)、范围标识(Scope IDentifier,SID)及转发标识(Forwarding IDentifiers,FID),其中汇聚标识和范围标识共同标识一个内容,其具体格式类似于 CON 的<P:L>。

2.1.2 层次化命名机制

在各个国际组织提出的以内容为中心的网络结构中,命名的数据网络(Named Data Networking,NDN)[6,7]及 TRAID[8]均采用层次化命名机制。层次化命名机制类似于 URL(Uniform Resource Locator)的命名方式,例如,中国移动的用户可以被命名为/cmcc/location/user。这种命名方式带来了很多好处,首先,内容网络是以内容为中心的,对内容的命名是一个核心的问题,采用上述层次化命名机制对网络中的应用或服务命名就可以借用现有网络中的 URL 格式直接命名，大大降低了规范命名的工作量；其次，采用分级方式的命名机制可以通过内容聚合技术来减轻路由的工作负担，这是非常有必要的，因为若网络中内容的数量庞大，将加大基于内容的路由带来的负载，从而大大降低路由的工作效率。从上述中国移动的命名例子中不难看出，在这种命名格式中，分级是可以根据所在范围来定义的，即第一级是中国移动，第二级是该用户所在地，最后一级是该用户的标识。在路由过程中可以根据不同的需求进行不同的聚合，例如，如果仅在中国移动网络内通信，那么可以首先通过/cmcc/location 进行路由，然后再寻找某个用户，这样，核心路由器中路由表规模将大大降低。但是，这种命名方式也有一些弊端。未来网络的需求之一是要很好地支持移动性，即当某一内容改变了位置时，同样可以获取该内容而不需要网络中复杂的交互，这也是位置与标识分离最终实现的目标之一，但从上述命名例子中可以发现，这种命名跟提供者具有一定联系，如果内容的提供者发生了变更，为了保证命名的永久性而不改变命名，这样就会造成命名与实际无联系，从而误导用户或者使用户无法通过提供者这一线索找到该内容。

2.1.3　两种命名机制的比较

扁平化命名机制在永久性命名和安全性方面存在优势。第一，由于命名的扁平化使得内容的命名是一个全局唯一的标识，满足了未来网络对命名的永久性要求，而且命名原则是根据内容数据特性及所属领域规定的，用户可以通过某种解析机制来获取相应内容，这样不会出现因提供者变更而无法获得内容的情况；第二，上述两种命名机制都具有自我验证的功能，大大提高了内容的可靠性，而且这种验证方式不依赖于网络，只需要获得可靠提供者的公共密钥就可以对内容进行验证，验证过程伴随转发进行，在保证网络效率的同时提高了可靠性。

但是这种命名机制随着命名空间的膨胀也会带来巨大的问题，扁平化的命名很难实现聚合，这样就会使路由负担越来越大，需要保存的条目越来越多，由此必然会提高对路由器存储能力和处理能力的要求。除此之外，如前面提到的，这样的命名不是用户可用的，需要适当的解析机制来实现用户请求内容、获取内容的过程。

层次化命名机制具有如下优势。

（1）可以清晰地表示数据之间的从属关系。例如，"/csdn/files/ccn.txt"表明要获取的内容是"/csdn/files"的一部分。

（2）有利于对路由表的规模进行控制。IP 网络采用 IP 前缀聚合的方式来减少路由表中的前缀表项数。层次化命名也可以类似于 IP 网络那样对名字前缀进行聚合，以减少名字路由表中的前缀表项数。

（3）提供了灵活的命名空间。网络中信息内容的提供者与请求者可以制定与自身特点相匹配的内容的版本、切片方式等。

2.2　内容中心网络内容名字查找技术

2.2.1　名字查找技术

名字查找技术，从本质上讲是字符串的最长前缀匹配，可将不同的查找方法划分为 3 类，具体介绍如下。

1. 基于 TCAM 的查找方法

TCAM（Ternary Content Addressable Memory，三态内容寻址存储器）在 IP 查找中被广泛使用，一个时钟周期就可以实现一次查找。然而，一方面，在名字查找中，由于名字长度很长、长度可变，需要多个 TCAM 串联才能存放一个名字，不仅造成空间浪费，而且需要多个时钟周期才能完成一次查找；另一方面，名字路由表规模过大，需要大量的 TCAM 存放，成本过高。因此，现在学术界和工业界的研究主要集中在基于软件的名字查找技术。

2. 基于字符查找树的查找方法

字符查找树可以将名字路由表构建为一种树形结构，一次名字查找即从根节点出发，根据查找的名字，沿着树形结构的根节点向叶子节点方向依次搜寻，直到找到最长匹配的前缀。基于字符查找树的名字查找技术的典型代表包括基于 GPU 加速的一维存储压缩表查找方法[9]和基于词元编码的名字查找技术[10]。

3. 基于散列技术的查找方法

内容中心网络中的名字由词元组成，一个名字虽然有很多个字符，但构建名字的词元个数有限，可以将具有不同词元的名字前缀划分为不同的集合，然后利用散列技术实现快速的名字查找。这方面的代表工作包括基于布隆过滤器（Bloom Filter）的快速名字查找技术[10]和基于完美散列技术的快速名字查找方法[11]。

2.2.2 主要性能指标

评价名字查找方法性能优劣的主要指标如下。

（1）名字路由表的存储占用。对相同大小的表来说，存储需求越小越好。

（2）名字路由表的查找速度，即查找吞吐量。在使用代价相似的情况下，查找速度越快，性能越好，单位是每秒完成的分组查找数量，通常使用 MSPS（Million Search Per Second，每秒百万次搜索）表示。

（3）名字路由表的更新速度。在保证查找吞吐量的前提下，更新速度越快，表明路由器响应路由变化的能力越强。

（4）名字查找结构和算法的可扩展性。所提出的查找结构和算法的性能，不应该随路由表的大小和流量的动态特性变化而有较大变化，算法的可扩展性表明算法对环境的适应能力。

2.3 内容中心网络路由与转发技术

2.3.1 CCN 路由基本原理

现有信息中心网络路由主要包含两类：名字解析方式和名字路由方式。下面介绍 4 种主要的 ICN 路由机制设计。

NetInf 采用了基于扁平结构的名字解析，利用名字解析服务系统将内容名字映射到一个拓扑位置。所有需要发布的内容都需要向名字解析服务系统进行注册，如果有一个用户需要获取某个内容，首先向名字解析服务系统发送包含内容名字的请求，并等待回应的内容位置信息，然后通过获得的内容位置信息建立连接。NetInf 结构的路由过程如图 2-1 所示。

NetInf 的设计实现了扩展的标识与位置分离，即存储对象与位置的分离。

但是，在获取内容的过程中，其仍然采用了 IP 地址连接的形式，并没有彻底摆脱 IP 网络。

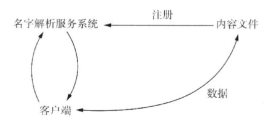

图 2-1　NetInf 结构的路由过程

PSIRP 的路由过程与 NetInf 比较相近，如图 2-2 所示。PSIRP 同样使用了名字解析服务系统，接收所有发布内容的注册信息，并通过一个集结点，将用户的请求与注册信息进行匹配。匹配成功之后，用户接收到一个传输 ID 的返回，一个传输 ID 代表了网络中的一条路径，用户根据接收到的路径与内容建立连接，获取所需要的内容。PSIRP 结构不需要通过 IP 地址连接，从而实现对现有互联网架构的彻底改造。但是，取消 IP 地址的代价是需要记录用户到内容的所有路径，而这些路径的数量非常庞大，所以该设计还需要改进。

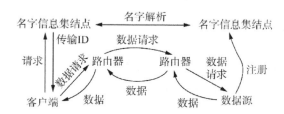

图 2-2　PSIRP 的路由过程

DONA 对网络命名系统和名字解析机制进行了重新设计，替代现有的 DNS，使用扁平结构、自认证的名字来命名网络中的实体，依靠解析处理器完成名字的解析，解析过程通过 FIND 和 REGISTER 两类任播原语完成。但是，直接基于扁平化名字的路由，会导致路由表急剧膨胀，需要改进。DONA 路由过程如图 2-3（a）和图 2-3（b）所示。

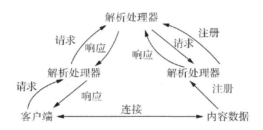

(a) 基于 IP 建立连接的系统结构

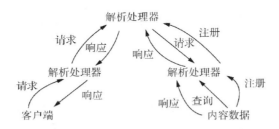

(b) 纯粹基于数据的系统结构

图 2-3　DONA 的路由过程

CCN 结构采用了层次化的命名体系，使用前缀最长匹配的方式对内容名字进行解析。若节点路由器存有请求的内容，则立即返回；若没有相应内容，则通过匹配将请求继续发到下一个路由器节点，直到请求被满足。在 CCN 系统中，名字路由和内容传输的过程是合二为一的，而且这一设计完全抛开了 IP 网络的概念。但是，层次化的命名方式与网络拓扑无关，同样也会导致路由表膨胀。CCN 的路由过程如图 2-4 所示。

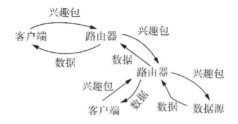

图 2-4　CCN 的路由过程

CCN 的路由技术在内容高效分发方面具有很大优势，主要包括：第一，节点转发模式继承了传统 IP 网络的特点，能够很好地兼容 IP 网络体系，从而 IP 网络中的路由协议可以成功地移植到 CCN 中；第二，基于 CCN 节点具有的处处缓存功能，任何一个节点如果满足用户请求都可以传送响应数据，尤其当前用户位置极易发生变化，CCN 节点能够及时响应用户需求，从而具有较好的用户体验质量。CCN 的这种自适应的多径路由和无结构路由，不仅能够满足网络数据冗余的要求，还能够在用户位置高速移动的情况下，减少链路的延迟，保证网络的负载平衡，在移动性、多样性及内容高效传输方面均占有很大的优势，但是其也存在一定的问题。

CCN 采用基于内容命名的路由，即一步式解析机制，将内容对象作为唯一的命名标识，把请求者发送的兴趣包广播到内容节点，然后一个或多个数据源节点发布响应的内容信息。CCN 的这种路由和转发机制能够有效地解决当前网络中的一些管理问题，如地址空间不足、可移动性、可扩展性及 NAT 穿越。CCN 继承了 IP 路由公告，主要通过泛洪来路由到达内容资源，先进行内容对象的名字前缀公告，路由器收到公告信息后，建立并更新各自的 FIB。另外，CCN 的地址前缀和 IP 的地址前缀虽然有所差别，但是它们各自的一些语义处理和基本的处理方法基本相同，都采用分层命名和最长前缀匹配。因此，CCN 只需要在 IP 路由协议及系统的基础上进行简单修改，便可以实现路由协议和网络部署。两者的不同之处在于 CCN 的多源、多路径路由转发不受限，而且路由环路的问题也不需要考虑。

文献[12]提出了一种类似于开放最短路径优先协议（Open Shortest Path First，OSPF）的 CCN 路由协议，主要用于描述 CCN 下兼容的 IP 路由协议，如图 2-5 所示。该 CCN 路由协议证明了在 IP 体系下正常运行的路由协议也能移植到 CCN 体系结构中。

图 2-5 中给出了一个 IGP 域，其中，A、B、C、D 代表 IP+CCN 混合路由器，E、F 代表 IP 路由器。距离路由器 A 最近的服务器通过本地网络空间的 CCN 进行广播公告，该服务器内容可以进行兴趣包访问，其前缀名为

"/parc.com/media/art"。路由器 A 中的应用端口在收到该通告后，在该端口建立一个本地的 CCN 类 FIB 表项，同时将该内容前缀封装到 IGP 链路状态广播（Link State Advertisement，LSA）中，并泛洪到网络中所有节点。当路由器 D 节点的应用程序收到这个 LSA 后，路由器 D 先建立一个到路由器 A 的 CCN 端口，接着在本地的 CCN 类 FIB 表项中添加一个命名前缀为 "/parc.com/media/art" 的条目。同样地，当路由器 B 临近的服务器同时发布两个内容名字前缀为 "/parc.com/media/art" 和 "/parc.com/media" 的通告后，路由器 B 也将这两个内容前缀封装到 IGP LSA，并泛洪到网络中的所有节点，最后路由器 E 的 CCN 类 FIB 表项的结果如图 2-5 所示。这样若路由器 E 的客户端发送一个兴趣包，其名字为 "/parc.com/media/art/abatar.mp4"，将被同时转发给路由器 A、B，中途经过的 FIP 路由器对其不做处理，最后由路由器 A、B 分别转发至各自附近的服务器，进行访问。

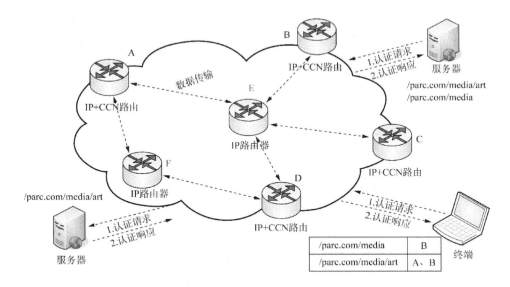

图 2-5　CCN 运行的基本原理

通过上述描述可知，IGP LSA 只作为 CCN 数据传输的载体，CCN 的数据报文携带数据签名、安全认证及其他路由转发策略，即使 IGP 协议传输不能保证通信的安全性，CCN 本身的节点之间的数据传输仍是安全的。因此，

CCN 路由器的应用程序接收到的内容前缀通告的可信度是通告协议本身所保证的，内容前缀的可信度是 CCN 本身的健壮体系结构所保证的，而从 IGP 或 BGP 协议接收到的 IP 前缀通告可信度低，CCN 对其不做处理。

另外，CCN 用户所请求的内容资源只需要从就近的节点获取，这种获取内容的方式可以提高网络的传输效率，减少网络部署成本，降低其复杂度。CCN 具有的无结构路由和多源传输机制特性，在网络通信方面具有明显的优势，其天生支持内容分发和广源的功能，是当前 IP 网络所不具备的。

由于传统的 IP 地址在互联网上具有双重语义，既代表一个确定的主机，又指明了在 IP 网络中的物理位置，因此不利于移动性的支持。而 CCN 的网络体系结构和路由协议与 IP 网络有很大的差异，各个路由节点都具有缓存的功能，能够及时响应用户的请求，这些特点让 CCN 在解决网络的移动性问题上占有很大的优势。目前，移动性支持机制的研究主要有两个方面：一是移动性管理技术，主要用以减少请求者移动和数据源移动引起的切换时延偏大和网络开销等；二是自适应路由发现机制，主要用以在移动 CCN 环境下提高内容请求成功率和减小请求时延等。

（1）通信终端移动性支持技术。通信终端移动性问题按照移动主体的不同，可以分为两类：一类是用户的移动性问题，另一类是数据源移动性问题。虽然两类的通信移动主体不同，带来的网络通信有所偏差，但是由于它们具有相似的产生方式，因此可以根据其设计思想和研究思路，将现有的一些解决方案大致分为 4 类：①传统的 FIB 表更新的移动性支持技术[13]；②基于代理主动缓存的用户移动性支持技术[14]；③利用位置管理及对应关系的移动性支持技术[14]；④基于快速位置更新和封装思想的移动性支持技术[15]。

（2）移动环境下路由发现机制。随着用户位置的高速移动，CCN 也面临着极大的挑战，主要包括：①用户在高速移动过程中，节点会面临失效，链路会出现间歇性连接等问题；②节点处理中间路由器的移动容易引起的反向路径状态失效问题。Marica Amadeo 等在移动自组织网络（MANET）背景下定义了初步的内容中心结构 CHANET，并针对移动路由节点设计了合适的路由机制，以实现兴趣包及数据包的高效传输[16,17]；文献[18]在 MANET 中部署了 CCN 的网络结构，主要用于实现动态环境下自适应的内容路由、缓存；文献[19]提出一种内容中心移动自组织网络中基于内容属性的命名和路由方案，根据内容属性进行指向性的路由，以降低路由开销；文献[20]提出一种未知拓扑的转发协议——先听后播（Listen First Broadcast Later，LFBL），解决在高动态移动环境下 CCN 的网络拓扑无法确定的问题，主要用于支持在移动环境下 CCN 内容的高效获取。

2.3.2　CCN 转发基本原理

内容中心网络的整体转发过程如图 2-6 所示。

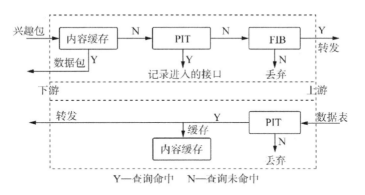

图 2-6　内容中心网络的整体转发过程

在内容中心网络中包含两种包结构，即兴趣包与数据包。当内容的请求者需要获取网络内容时，首先，发出一个被内容名字标识的兴趣包；然后，该兴趣包被路由转发到包含其所请求内容的 CCN 节点；最后，一个包含兴趣包请求内容的数据包被"原路返回"给兴趣包的发送者，同时兴趣包被删除。因此，在内容中心网络的两种包结构中，只有兴趣包会被路由与转发，而数据包的处理过程相对简单，其只按照兴趣包在被路由与转发过程中所建立的状态信息"原路返回"。下面分别介绍兴趣包及数据包的处理过程。

1. 兴趣包的处理过程

当 CCN 中间节点收到一个用户发出的兴趣包时，其处理过程如图 2-7 所示。

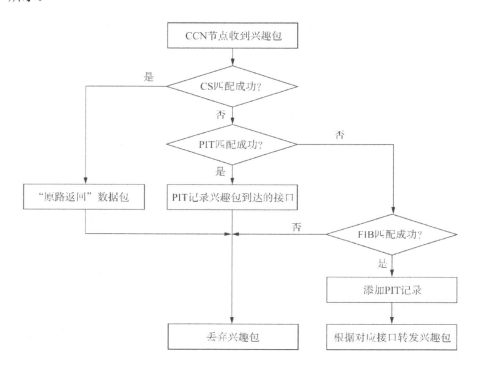

图 2-7 兴趣包处理过程

当一个兴趣包到达 CCN 节点时，首先采用最长前缀匹配的方法查询其内容存储区 CS。然后，判断 CS 中是否存在兴趣包所请求的内容，如果有，CCN 节点直接响应兴趣包的请求，即发送一个包含兴趣包请求内容的数据包，该数据包将按照兴趣包的反向路径"原路返回"，同时丢弃兴趣包；如果没有，CCN 节点将转向查询其未决兴趣表 PIT。接着，判断 PIT 中是否存在与兴趣包相匹配的内容条目,如果存在,说明请求相同内容的兴趣包已经到达过该 CCN 节点,那么 CCN 节点的 PIT 将兴趣包到达的接口记录在 PIT 的接口列表中,并丢弃兴趣包;如果在 PIT 中没有查询到与兴趣包相匹配的内容条目,说明该 CCN 节点以前没有接收过请求同一内容的兴趣包,CCN 节点将采用最长前缀匹配的方法查询其中的 FIB。最后,判断 FIB 中是否存在与兴趣包相匹配的信息条目,如果存在,兴趣包将从其对应接口列表中的所有接口转发出去,并在 PIT 中添加相应的记录;如果 FIB 中没有与兴趣包相匹配的信息条目,该兴趣包就会被丢弃。

2. 数据包的处理过程

如前所述,在 CCN 体系结构中,数据包将按照兴趣包在转发过程中所建立的状态信息"原路返回",所以其处理过程比兴趣包的处理过程相对简单,如图 2-8 所示。

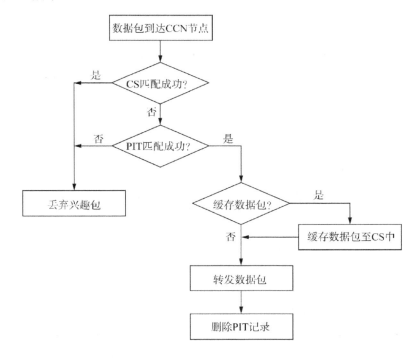

图 2-8　数据包处理过程

当 CCN 中间节点收到一个数据包时，该节点将按照图 2-8 所示的流程处理其收到的数据包。

具体处理过程为：首先，采用最长前缀匹配的方法查询其内容存储区 CS，如果成功匹配，说明 CCN 节点的 CS 中已经有了该数据包的内容，直接丢弃该数据包；如果 CS 中没有该数据包的内容，查询 CCN 节点的 PIT。然后，判断 PIT 中是否有与之匹配的条目，如果没有，说明该 CCN 节点没有收到过请求该数据包的兴趣包，就会直接丢弃数据包；如果 PIT 匹配成功，接下来会根据缓存方法判断是否缓存该数据包。如果需要缓存数据包，先将数据包缓存至该 CCN 节点中，然后转发数据包并删除相应的 PIT 条目。如果不需要缓存，直接转发该数据包并删除 PIT 条目。

2.3.3　CCN 路由转发面临的问题

CCN 的路由是基于内容命名的路由技术，不需要知道所请求内容对象的位置信息，而通过将携带有内容名字标识的数据包转发到一个或多个内容存储节点，从而对请求内容做出响应。

当网络中的一个内容对象被多次复制时，如一个兴趣包被重复到多个端口，节点中的 FIB 表项可能会把一个内容名字前缀同多个下一跳端口连接起来，这样就会让重复的数据包被响应和返回。虽然 CCN 内在的这种多径路由传输特性保证了数据的高效性及多样性，但是多个被复制的兴趣包和数据包可能会造成节点上能量的巨大消耗，如缓存空间、CPU 处理速率、访问次数等。

另外，当前用户位置的高速移动也给 CCN 带来了极大的挑战：一是用户在高速移动过程中节点会面临失效，链路会出现间歇性连接等问题；二是由于中间路由器的移动，而引起的反向路径状态失效问题。

2.4 内容中心网络缓存技术

2.4.1 典型缓存替换策略

作为 CCN 研究中最常用的替换策略，LRU 频繁见于 CCN 的各类问题研究文献，其替换规则定义如下。

定义 2-1 （最近最少替换策略）LRU[25,26]：若将 CCN 节点 CS 视为大小为 C 个 chunk 的队列，则某个内容请求在成功获得命中后，设其在原缓存队列中的存储位置为 i，现将其移动到缓存队列的第 1 个位置，同时原来存储位置为 1 到 i-1 的 chunk 顺序后移一位，存储位置变为 2 到 i；当某个内容请求未被命中，从上级路由器或者源服务器中获取的内容到达时，将插入缓存队列的第 1 个位置，同时插入位置之后 chunk 均顺序后移一位，并将队列尾部的最后一个 chunk 移出。

另外，两种比较基本的缓存替换策略是 LFU 与 UNIF。

定义 2-2 （最少频繁使用替换策略）LFU[27]：设 CCN 节点在时间区间 $[t_1,t_2]$ 内，对缓存中每个 chunk 被请求的次数进行统计，当某个新的 chunk 需要被存入时，选择在统计时间内请求次数最少的 chunk 加以替换；若是缓存中已有 chunk 被请求，则不改变存储位置。

定义 2-3 （均匀随机替换策略）UNIF[28]：当有新的内容到达时，以等概率的方式随机选择缓存中任意一个 chunk 加以替换。

图 2-9 所示为 LRU 与 LFU 缓存替换策略示意，当新获取的内容文件到达当前节点时，LRU 缓存替换策略默认将其存入缓存队列首部，LFU 缓存替换策略将选择统计时间区间内被请求次数最少的内容文件加以替换。LRU 与

LFU 及 UNIF 的另一个区别是，当 CS 中现存内容被命中时，LRU 将调整 CS 中的内容存储位置，而 LFU 和 UNIF 不做任何改变。

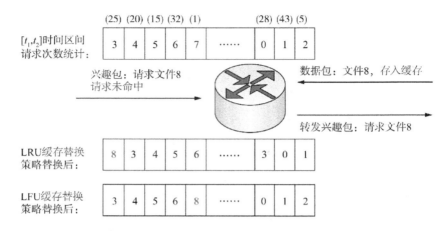

图 2-9　LRU 与 LFU 缓存替换策略示意

以上 3 个缓存替换策略是在缓存替换时常见的基本策略，尤其是 LRU 缓存替换策略，在大多数 CCN 研究工作中，都默认采用其作为缓存替换策略。这 3 个策略实现简单，也有一定的合理性：如 LRU 与 LFU，无论是替换最近最少访问的内容，或者替换最近访问频率最低的内容，都能够将近期用户关注内容尽可能留在缓存中，这也隐性体现了对高流行度的内容偏好，隐性增加了高流行度内容的停留概率。文献[29]强化了这一思想，面向 CCN 网络，提出了一种显性的高流行度内容偏好替换策略 RUF，这一策略设计为优先替换 CS 中最低流行度的内容。

定义 2-4　（最近频繁使用替换策略）RUF[29]：设统计滑动时间窗大小为 T，CCN 节点计算在该时间窗内每个被缓存文件的请求次数，并进行每个类别的最近使用频率与实时流行度计算。当有新获取内容到达时，根据该内容所属类别，先与 CS 中所有现存内容类别的流行度比较，如果 CS 内现存内容的流行度均高于新获取内容的流行度，则新到内容不能替换入 CS；如果 CS 中有若干内容所属类别的流行度较低，则：①选择 CS 中最低流行度的类别；

②选择这个类别中最近请求次数最少的内容文件加以替换。

RUF 替换策略中内容最近使用频率的计算方法见式（2-1）。

$$\frac{N_k(j)+(1-a)\cdot N_k(j-1)+(1-a)^2\cdot N_k(j-2)+\cdots+(1-a)^{T-1}\cdot N_k(j-T+1)}{1+(1-a)+(1-a)^2+\cdots+(1-a)^{T-1}}$$

(2-1)

在式（2-1）中，T 为滑动时间窗的大小，$N_k(j)$ 为第 k 类内容在第 j 秒的请求次数，a 为权重，定义为 $a=2/(T+1)$[29]。RUF 替换策略通过进行流行度的实时计算及显性对比，从而进一步约束 CS 中只存有较高流行度的内容，由于 RUF 还是基于最近使用频率进行替换的，因此可以看作 LFU 的增强策略。

图 2-10 所示为 RUF 替换策略实时流行度的计算示意。假设当前网络仅提供 10 类内容，滑动时间窗长为 7，CCN 路由器实时统计当前及以往 6 个时刻每类内容的请求次数，并以此为依据计算出每类内容的最近使用频率，在排序后获得这 10 类内容的实时流行度。当有新获取内容到达时，路由器根据该内容的所属类别，与 CS 中现存内容的类别做流行度对比，假如 CS 中所有现存内容的流行度均高于新获取内容，则不存入 CS；否则，选择 CS 中最低流行度类别中最近访问次数最少的内容加以替换。

RUF 替换策略考虑了 CCN 中的内容流行度，并尽可能保证了高流行度内容存储在 CS 中，这一设计有其合理性，但是要求 CCN 路由器记录每个暂存内容的请求次数，路由器的资源开销过重。此外，RUF 替换策略没有考虑到，CCN 作为一个资源分布式存储网络，存储内容的多样性是保证网络性能的关键，如果每个节点的存储内容趋向于同质化，全网缓存的效率将无法提高。而上述的 LRU、LFU 及 RUF 策略，根据其设计规则，可以预想运行结果有可能将使网络大部分节点都只存储最高流行度的内容，导致非最高流行度内容的数据来源越来越少，从而对这类内容产生相当大的网络时延，抑制全网的整体性能。

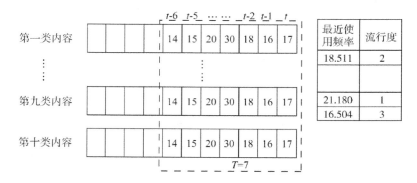

图 2-10　RUF 替换策略实时流行度计算示意

2.4.2　典型缓存决策策略

不同于缓存替换策略仅关注单个 CCN 节点 CS 的存入行为，缓存决策策略主要解决沿内容的反向传输路径，新获取内容应该存入哪些节点。或者说，当某个内容到达当前 CCN 节点时，缓存决策策略将决定当前节点是否存入这个内容，可见缓存决策策略不是单纯影响某个节点的性能。通过决策内容在区域内节点群中的存储位置，缓存决策策略可以更好地平衡各类别内容在 CCN 网络中的存储比例，提高用户的网络命中率，降低用户的内容请求时延。因此，良好的缓存决策策略设计是保证 CCN 性能的关键，其重要性高于缓存替换策略。

图 2-11 给出了 CCN 研究中 4 类典型的缓存决策策略的工作机制，其中 LCD、MCD 和 LCP 的设计已经隐含了避免同一内容副本在网络中存储过多的设计思路。

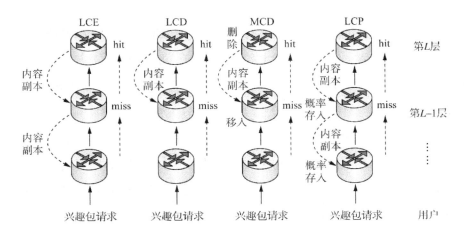

图 2-11 典型缓存决策策略示意

定义 2-5 （处处缓存策略）LCE[30]：这是多级缓存结构中最常见的判决策略，当某个内容请求在 CCN 第 i 层节点处被命中时，该内容将在回传路径上的每个中间节点内均被缓存。

定义 2-6 （下一跳复制副本策略）LCD[30]：若某个内容请求在 CCN 的第 i 层节点处被命中，LCD 策略仅将该内容副本复制于回传路径上的下一跳节点（第 $i-1$ 层），此时用户需要发送至少 $i-1$ 次内容请求才能将该内容从第 i 层节点复制到第 1 层节点的 CS 内。

定义 2-7 （下一跳移动副本策略）MCD[30]：该策略是对 LCD 的改进，若某个内容请求在第 i 层节点处被命中，MCD 策略将该内容副本移动到回传路径上的下一跳节点（第 $i-1$ 层），同时将该内容从第 i 层节点 CS 内删除。

定义 2-8 （概率缓存策略）LCP[30]：若某个内容请求在第 i 层节点处被命中，LCP 策略在回传路径上的每个节点处以概率 p 进行缓存。

在上述 4 种策略中，LCE 策略是大部分 CCN 早期研究者默认采用的缓存决策策略，即当 CCN 节点获得新内容时，必然将其存入缓存。但对于 CCN，LCE 显然不是一个较优的策略，处处缓存只能使 CCN 区域节点存储内容冗余度过大,从而使大部分网络内容请求的失败概率增加。LCD 的设计使得单次请求只会在网络中增加一个副本;MCD 确保了即使出现多次请求,网络中永远只会存在一个副本;而 LCP 通过设置缓存概率,将新获取内容存入 CS 的必然事件转化为概率事件,降低了内容副本在网络中的数量。可见,LCD、MCD 与 LCP 的设计思路都是基于增加区域存储内容多样性、降低冗余度的角度。但从以上几种策略的描述中可知,虽然 LCD、MCD 策略降低了内容副本在网络中的存储比例,延长了内容副本在网络中的存储时间,但是对于 L 层级联网络,需要至少 $L-1$ 次内容请求才能将该内容从源服务器移动到靠近用户的第 1 层,因此不利于用户就近访问内容;LCP 是一个更有潜力的方法,通过每层的概率存储,增大了流行度高的内容在靠近用户层的分布比例,有助于缩短用户的命中距离,但 LCP 策略仍会导致内容副本在网络中存在一定的冗余,这部分冗余存储副本将降低网络存储效率,减少用户所需要的内容在网络中的存储时间。

基于以上 4 种策略的设计思路,研究人员陆续提出了一些改进的缓存决策策略,比较具有代表性的策略包括 Betw、ProbCache、WAVE、PCBC 等。

定义 2-9 (基于中心度的缓存决策策略)Betw[31,32]:该策略首先计算回传路径上每个节点的中心度,这个中心度代表经过该节点的可用路径数量,中心度越大意味着经过该节点的可用路径数量越多。当有内容回传时,新获取内容将只存储于回传路径上中心度最大的节点上。

图 2-12 所示为 Betw 策略的工作原理,在该网络拓扑中,R_4、R_5 经过的可用路径最多,具备最高的中心度,因此将内容存储在 R_4、R_5 上复用性最佳,将有助于提高网络的存储效率,同时,由于 R_4 离用户最近,因此 R_4 是最佳存储位置。

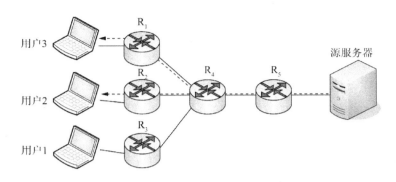

图 2-12 Betw 策略的工作原理

定义 2-10 （基于节点位置与存储能力的概率缓存策略）ProbCache[33]：该策略属于概率缓存策略，节点 CS 的存入概率由两方面的因素决定：一方面是节点的存储能力；另一方面是节点在回传路径上所处的位置。在该策略设计中，节点容量越大、位置越靠近用户，存入概率越大，其存入概率为

$$\text{ProbCache}(x) = \frac{\sum_{i=1}^{c-(x-1)} N_i}{T_{tw} N_x} \cdot \frac{x}{c} \tag{2-2}$$

式中，x 为从源服务器到当前节点的跳数；c 为从源服务器到用户的跳数（固定）；N_i 为回传路径上第 i 个路由器的容量（1s 内可存储的数据流量）；T_{tw} 为目标时间窗大小。该式的前半部分代表该节点在回传路径上的存储能力，$c-(x-1)$ 为从当前节点到用户的剩余节点数，$\sum_{i=1}^{c-(x-1)} N_i$ 为从当前节点到用户剩余节点的总存储容量，而 $T_{tw} N_x$ 为当前节点在目标时间窗内的存储容量，这两者之比即代表当前节点的存储容量占回传路径上剩余节点容量的比例，显然某一节点的存储容量越大，其获得的存入概率越大。该式的后半部分代表该节点在回传路径上的位置，x/c 越大，该节点越靠近用户侧。因此，ProbCache 策略传递的设计理念为：一方面，内容应该尽量存入靠近用户的节点；另一方面，在路径上节点 CS 大小不一的时候，应该尽量存入较大容量的缓存。

定义 2-11（基于内容流行度的协作缓存策略）WAVE[34]：该策略针对用户在发起内容请求时存在的关注度设计了主动协作缓存机制，根据内容请求次数，回传路径上将以指数递增的方式逐步增加每个路由器中缓存 chunk 的数量。具体来说，若某内容文件的第 j 个 chunk 在第 i 层被用户的第 n 次请求命中，则将其移入第 $i-1$ 层，同时主动请求该 chunk 的后继 x^n 个 chunk 存入第 i 层（第 $j+1$ 个到第 $j+x^n$ 个 chunk），主动请求后继 x^{n+1} 个 chunk 存入第 $i+1$ 层（第 $j+x^n+1$ 个到第 $j+x^n+x^{n+1}$ 个 chunk），以此类推。

图 2-13 所示为 WAVE 策略的一个典型示例，设 $x=2$，若 t_0 时刻，由于以往历史请求导致某文件的第 1 个 chunk 存于路由器 R_2 上，第 2、3 个 chunk 存于路由器 R_3 上，则当 t_1 时刻用户再次请求该文件的第 1 个 chunk 并在 R_2 上命中时，根据 WAVE 策略，将第 1 个 chunk 移动并存于路由器 R_1 上，主动请求第 2、3 个 chunk 并移动存入路由器 R_2 上，主动请求第 4~7 个 chunk 并存入路由器 R_3 上。这种策略的设计依据在于：如果用户多次请求某一个 chunk，则该文件的剩余 chunk 也会大概率被请求到，此时提前将该文件的剩余 chunk 陆续移动到邻近用户的路由器上，当用户请求剩余 chunk 时，将获得较高的满意度。

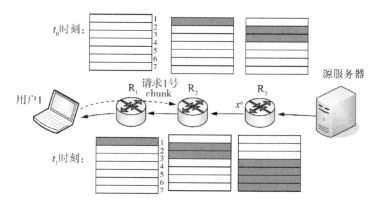

图 2-13 WAVE 策略的一个典型示例

定义 2-12（基于内容流行度和节点中心度匹配的缓存策略）PCBC：该

策略考虑了 CCN 提供内容的流行度及节点所在位置，根据新获取内容的流行度排名及当前节点的中心度排名，确定内容是否需要缓存。

PCBC 策略（详细的工作原理见 4.2 节）中所定义的节点中心度即与该路由器所关联的链路条数，代表节点在网络中的位置，该策略将获取内容的流行度排名与节点的中心度排名对比，如果内容流行度排名高于节点的中心度排名，则允许存入该节点。可见，PCBC 策略的基本思路是将高流行度内容尽量存储于网络的中心位置，以便获得更高的复用率，可以看作 Betw 策略的一种增强策略。

上述 4 种改进的缓存决策策略具有较高的代表性，基本体现了目前几种主流设计思路：①考虑内容的流行度，对用户关注内容与冷门内容区分处理；②考虑节点所处的网络位置，对于网络中心节点与边缘节点区分处理，尽量提高节点的缓存利用率；③用户关注内容应尽量置于邻近用户的节点内，以便降低内容访问时延，获得更好的网络性能。现阶段主要的 CCN 缓存决策策略大多基于上述思路进行设计。虽然 Betw、ProbCache、WAVE、PCBC 策略提供了良好的设计参考，但其依然有不足之处。总体上，Betw 策略与 PCBC 策略虽然可以控制内容副本的冗余，提高部分中心节点的缓存效率，但是未必可以确保用户就近获取内容；ProbCache 策略与 WAVE 策略保障了用户就近访问，但是 WAVE 策略从另一方面增加了网络中的内容副本冗余，ProbCache 策略未考虑内容流行度，且单纯加重邻近用户的路由节点负载，也不利于平衡利用网络中不同节点的存储能力。

2.4.3　CCN 缓存策略的四大特征

1. 缓存透明化

传统的缓存针对单一的业务类型，通常以特定的封闭系统形式存在，如

P2P、Web、CDN 等缓存系统。P2P 业务大多使用私有协议，使得每个 P2P 应用成为一个封闭的系统，难以实现缓存资源空间的共享。目前一些研究人员也在进行研究来实现 P2P 缓存透明化，如 IETF 的 DECAED 工作组。但是，由于缺乏统一的命名，在不容业务类型中实现缓存对象的共享依然面临许多挑战。虽然 Web 缓存系统基于开放的 HTTP 协议，但是 Web 内容基于域自主命名，相同的对象无法被唯一标识，所以缓存系统的内容对象在逻辑上是按自治域被隔离的。这些缓存问题主要是由通信协议的封闭性及命名方式的不一致所导致的。CCN 网络体系结构的提出使得协议封闭性和命名不一致的问题得到了解决。CCN 对内容进行全局唯一标识，并且这些全局内容标识可以实现自我验证，简化了对内容的安全性检测。同时，CCN 网络体系结构在网络层依据统一的内容标识进行内容路由和缓存决策，实现了缓存与应用分离。这些设计和改变使得网内缓存成为通用的、开放的、透明的服务。

2. 缓存泛在化

在传统的缓存系统中，缓存的网络拓扑比较有规则，一般为线性级联结构或分层树形结构，缓存节点的位置一般是固定的。而在 CCN 中，缓存是普遍存在的，缓存节点不再固定，缓存的拓扑结构可以用任意的网状结构来描述，节点之间的上下游关系不再明确，这些均增加了缓存系统数学建模和性能分析的难度，也使缓存间的协调较难实现。同时，系统的高动态性变化也给缓存系统的一致性缓存带来了极大的考验。而在高度动态的泛在网络内置缓存环境下，如何保持对象的可用性、优化对象的获取代价，是缓存网络急需解决的一个问题。

3. 缓存细粒度化

在传统的缓存中，内容缓存是以文件或文件片段为单位进行操作的，而 CCN 的缓存单元变为细粒度化的且拥有全局内容标识的内容块 chunk，并以内容块为单位进行缓存和替换操作，满足了 CCN 缓存节点以线速执行的要求,即在将比较大的文件划分为粒度比较小的内容块后,同属一个文件的不同内容块的获取可以来自不同的网络节点。同时,基于内容块为单位进行数据替换,提高了内容检索的效率和缓存空间利用率。但是,该方法也使得一些基于文件大小的缓存替换算法不再适用。

4. 缓存处理线速化

CCN 对缓存处理提出了新的要求,即线速执行。传统的互联网采用硬盘式的存储方法,其处理性能的优越完全取决于管理者对该模式的运维和管理能力。而在 CCN 中,缓存性能的好坏直接影响网络整体性能,不同于传统的硬盘类网络缓存方式[35],CCN 网络中内容请求和数据缓存直接建立在网络传输层,有效地节省带宽资源,提高内容共享效率。传统网络响应数据包经过路由转发,通过源地址与目的地址确定一条唯一的路径,节点在获取数据包后直接转发而自身并不存储数据,路径存在不对称性。CCN 网络自身具有多路径转发的性质,同时兼顾传输效率和网络拥塞情况,优先选择转发端口,以实现拥塞控制。同时,数据包的沿"逆路径"转发使网络流量均衡得到进一步的优化。综上所述,在网络拓扑动态变化和不可预测的情况下,CCN 网络也能够较大限度地实现传输与共享效率,从而达到线速化要求。

2.5 小结

本章从内容中心网络内容命名技术、内容中心网络内容名字查找技术、内容中心网络路由与转发技术、内容中心网络缓存技术 4 个方面对内容中心网络的核心技术进行阐述。在内容中心网络内容命名技术中,首先介绍了扁平化命名机制的特点及原理,然后介绍了层次化命名机制的特点,最后分别从不同的角度对扁平化命名机制和层次化命名机制进行分析,比较其优劣,通过比较发现层次化命名机制具有明显的优势，更加适用于未来新型的网络路由模式。在内容中心网络名字查找技术中，主要介绍了3类名字查找方法，包括基于TCAM的查找方法、基于字符查找树的查找方法及基于散列技术的查找方法，并且给出了评价名字查找方法性能优劣的主要性能指标。在内容中心网络路由与转发技术中，分别介绍了CCN路由的基本原理、CCN转发的基本原理及CCN路由转发所面临的一些问题。最后，在内容中心网络缓存技术中，介绍了4种典型的缓存替换策略及8种典型的缓存决策策略，并且总结了CCN缓存策略的四大特征。在接下来的章节中，将分别从路由机制、缓存机制、安全机制3个方面详细介绍CCN的相关技术及我们团队的相关研究成果。

参考文献

[1] Clark D，Braden R，Falk A．FARA：reorganizing the addressing architecture [J]．SIGCOMM Computing Communication Review，2003，33(4)：313-321．

[2] Koponen T，Chawla M，Chun B．A data-oriented (andbeyond) network architecture [J]．SIGCOMM Computing Communication Review，2007，37(4)：181-192．

[3] Ahlgren B D，Ambrosio M，Marchisio M，et al．Design considerations for a network of information，2008 [C]．Proceedings of the 2008 ACM Conext Conference，2008．

[4] Lagutin D，Visala K，Tarkoma S．Publish/subscribe for internet：psirp perspective [J]．Towards the Future Internet Emerging Trends from European Research，2010：75-84．

[5] Visala K，Lagutin D，Tarkoma S．LANES：an inter-domain data-oriented routing architecture，2009 [C]．Proceedings of the 2009 Workshop on Re-Architecting the Internet，

2009.

[6] Van Jacobson, Smetters D K, Thornton J D. Networking named content, 2009 [C]. Proceedings of the 5th International Conference on Emerging Networking Experiments and Technologies, 2009.

[7] Zhang Lixia, Estrin D, Burke J, et al. Named Data Networking (NDN) Project [C]. Technology Report NDN-0001, PARC, 2010.

[8] Gritter M, Cheriton D R. An architecture for content routing support in the internet, 2001 [C]. Proceedings of the 3rd Conference on USENIX Symposium on Internet Technologies and Systems -Volume 3, 2001.

[9] Wang Y, Zu Y, Zhang T, et al. Wire speed name lookup: a GPU-based approach, 2013 [C]. Proceedings of the 10th USENIX Symposium on Networked Systems Design and Implementation (NSDI' 13), 2013.

[10] Wang Y, He K Q, Dai H C, et al. Scalable name lookup in NDN using effective name component encoding[C]. Proceedings of the 32nd International Conference on Distributed Computing Systems (ICDCS), 2012.

[11] Wang Y, Pan T, Mi Z A, et al. NameFilter: achieving fast name lookup with low memory cost via applying two-stage bloom filters, 2013 [C]. Proceedings of INFOCOM 2013, 2013.

[12] Zhang X, Li B. Optimized multipath network coding in lossy wireless networks [J]. Selected Areas in Communication, IEEE Journal on, 2009, 27(5): 622-634.

[13] Luo Y, Eymann J, Angrishi K, et al. Mobility Support for Content Centric Networking: Case Study [J]. Mobile Networks and Management. Springer Berlin Heidelberg, 2012, 97: 76-89.

[14] 饶迎, 高德云, 罗洪斌, 等. CCN 网络中一种基于代理主动缓存的用户移动性支持方案 [J]. 电子与信息学报, 2013, 35(10): 2347-2353.

[15] Ren F, Qin Y, Zhou H, et al. Mobility management scheme based on Software Defined Controller for Content-Centric Networking, 2016 [C]. Computer Communications Workshops, 2016.

[16] Lal N, Kumar S, Chaurasiya V K. An adaptive neuro-fuzzy inference system-based caching scheme for content-centric networking [J]. Soft Computing, 2018: 1-12.

[17] Amadeo M, Molinaro A, Ruggeri G. E-CHANET: Routing, forwarding and transport

in Information-Centric multi-hop wireless networks [J]. Computer Communications, 2013, 36(7): 792-803.

[18] Karami A, Guerrero-Zapata M. A fuzzy anomaly detection system based on hybrid PSO-Kmeans algorithm in content-centric networks [J]. Neuro-computing, 2015, 149: 1253-1269.

[19] 陶勇, 程东年. 内容中心网络中基于内容感知的 QoS 保证机理探析 [J]. 计算机应用研究, 2016, 33(3): 813-816.

[20] Esmaeilzadeh M, Sadeghi P, Aboutorab N. Random Linear Network Coding for Wireless Layered Video Broadcast: General Design Methods for Adaptive Feedback-Free Transmission [J]. IEEE Transactions on Communications, 2017, 65(2): 790-805.

[21] 曾宇晶, 靳明双, 罗洪斌. 基于内容分块流行度分级的信息中心网络缓存策略 [J]. 电子学报, 2016, 44(2): 358-364.

[22] 刘外喜, 余顺争, 蔡君, 等. ICN 中的一种协作缓存机制 [J]. 软件学报, 2013, 24(8): 1947-1962.

[23] Li Z, Simon G. Time-Shifted TV in Content Centric Networks: The Case for Cooperative In-Network Caching, 2011 [C]. IEEE International Conference on Communications, 2011.

[24] Nimrod Megiddo, Dharmendra S Modha. Outperforming LRU with an adaptive replacement cache [J]. Computer, 2004, 37(4): 58-65.

[25] Psaras I, Clegg R G, Landa R, et al. Modeling and Evaluation of CCN-Caching Trees, 2011 [C]. IFIP Networking, 2011.

[26] Carofiglio G, Gallo M, Muscariello L. Bandwidth and Storage Sharing Performance in Information Centric Networking, 2011 [C]. SIGCOMM'11, 2011.

[27] Katsaros K, Xylomenos G, Polyzos G C. MultiCache: An overlay architecture for information-centric networking [J]. Computer Networks, 2011, 55(4): 936-947.

[28] Eum S, Nakauchi K, Murata M, et al. CATT: potential based routing with content caching for ICN, 2012 [C]. Proceedings of the second edition of the ICN workshop on Information-centric networking, 2012.

[29] Kang S J, Lee S W, Ko Y B. A recent popularity based dynamic cache management for content centric networking, Ubiquitous and Future Networks (ICUFN), 2012 [C]. 2012 Fourth International Conference on, 2012.

[30] Laoutaris N, Syntila S, Stavrakakis I. Meta algorithms for hierarchical web caches,

Performance, Computing, and Communications, 2004 [C]. 2004 IEEE International Conference on, 2004.

[31] Chai W K, He D, Psaras I, et al. Cache "less for more" in information-centric networks [M]. NETWORKING 2012. Springer Berlin Heidelberg, 2012: 27-40.

[32] Chai W K, He D, Psaras I, et al. Cache "Less for More" in Information-Centric Networks (Extended Version) [J]. Computer Communications, 2013.

[33] Psaras I, Chai W K, Pavlou G. Probabilistic in-network caching for information-centric networks, 2012 [C]. Proceedings of the second edition of the ICN workshop on Information-centric networking, 2012.

[34] Cho K, Lee M, Park K, et al. Wave: Popularity-based and collaborative in-network caching for content-oriented networks, Computer Communications Workshops (INFOCOM WKSHPS), 2012 [C]. 2012 IEEE Conference on, 2012.

[35] Psaras I, Chai W K, Pavlou G. Probilistic in-network caching for information-centric networks, 2012 [C]. Proceedings of the second edition of the ICN workshop on Information-centric networking, 2012.

第 3 章
Chapter 3

内容中心网络路由机制研究

近年来，内容中心网络的相关研究仅专注于数据的命名和基于名字的路由和转发问题，随着网络规模的爆炸式增长、新型业务的多样化发展、用户位置的移动性变化，导致现有单一的内容路由技术已无法有效适应高速移动环境下的实时多变情景，尤其在高速移动环境下，网络节点不能快速自适应路由的选择，出现了网络通信时延增加、链路失效等一系列亟待解决的问题。因此，针对位置实时动态变化的自适应路由方法研究是内容中心网络的研究重点之一。本章介绍现存的路由机制，并对本书的团队人员所设计的路由方案进行阐述。

3.1 研究背景

3.1.1 与传统 TCP/IP 网络的路由区别

1. 基于内容名字的路由机制

在 TCP/IP 的沙漏模型中，位于沙漏细腰处的是 IP 地址。IP 地址不仅标识了身份，而且标识了地理位置，每次获取内容时都需要映射到内容所在的设备，然后绑定 IP 地址以建立通话连接。因此，如果地址发生变化，通话就会立即中断，需要重新发起连接。然而，CCN 位于沙漏细腰处的是命名数据，与位置无关。一旦兴趣包到达一个含有内容对象的节点（无论是缓存节点还是发布者），匹配成功就会立即返回一个数据包。在路由过程中，无论是兴趣包还是数据包均不携带任何关于主机地址或接口的信息，兴趣包仅依靠自身携带的内容名字进行匹配和路由。因此，在 CCN 中，寻路的核心从寻找主机地址变为寻找内容数据，以实现"以内容为中心"的设计目标。

2．支持多播和广播

TCP/IP 网络采用的是端到端的通信模式，难以支持多路径的组播传输。例如，HTTP 中传输一个 GET 请求只能建立在一个 TCP 连接上，当网络中相同的 GET 请求数量巨大时，会建立无数条到达发布者服务器的 TCP 连接，这可能引起链路拥塞或服务器瘫痪。此外，TCP/IP 协议为了避免出现死循环报文，路由算法如最短生成树算法会选择一条最优路径进行转发，这使得无法同时接入多个不同的网络。例如，播放同时存在标清和高清格式的视频时，手动切换需要重新建立连接，这将导致数据流的重新加载。在 CCN 中，兴趣包可从多个接口中选择一个或多个转发，数据包可在返回过程中根据 PIT 记录的接口信息，复制多份内容数据转发给多个请求者。由此可见，CCN 支持组播路由，摆脱了端到端连接的依赖。并且，CCN 也不会形成环路，由于路由节点通过匹配兴趣包中的 Nonce 字段判断重复出现的相同兴趣包，数据包又根据兴趣包的路径反向跳跃，因此网络中没有环路出现。CCN 与 TCP/IP 相比不需要增加额外的协议，彻底实现了多链路、多播路由，因此网络的传输性能更佳。

3．基于逐跳的包转发

当前互联网上约 90%的流量传输基于面向连接的 TCP 协议，如果两端需要维持交互信息，需要建立面向连接的会话通道。基于 TCP/IP 的网络无法提前获知将得到怎样的数据，也无法获知何时会收到数据，只能通过增加可靠传输机制，如三次握手、滑动窗口、拥塞控制、超时重传等机制，以保证数据一致性和完整性。然而，事实上大多数的应用程序并不需要建立端到端的无缝连接，额外的补救机制意味着增加了控制信息的开销，造成网络整体性能的下降。而 CCN 采用了兴趣包和数据包两种包逐跳转发的通信模式，兴趣包每经过一跳都可能在中间节点上命中并直接返回数据包，并不需要转发给发布者，因此，CCN 没有特定的会话通道。另外，CCN 在传输过程中不需要维护额外的状态信息，路由节点可以通过控制 PIT 条目的数量、调节请求者单位时间发送兴趣包的个数或通知发布者等待一段时间再返回数据包的方式，达到协调网络流量的目的。CCN 消除了对终端主机执行的拥塞控制和传输确认的依赖，更符合未来共享式网络的发展方向。

4. 路由器缓存功能

在路由层面，TCP/IP 网络体系结构与 CCN 网络体系结构的明显差别在于 CCN 路由器可以对部分内容采取缓存策略。由于缓存的地点在网络的传输层，可以提高内容数据的共享率。具体而言，在 IP 网络中存储的对象是路由表的信息，中间路由节点的作用只是转发报文对象。一旦报文被转发出去，中间路由节点便完成了工作，并不会缓存报文的信息。因此，对于重复数据的传输，每次都是一个全新的操作，无法对内容进行高度复用。而在 CCN 中，中间任意的路由节点都可以在传输路径上对内容进行缓存、复制和移动，并根据一定的缓存策略尽可能地保存接收到的内容数据，满足后续潜在的请求。因此，CCN 可以充分利用网络资源，其传输效率、通信的健壮性和可靠性也大大提升。

3.1.2　CCN 路由协议现存问题

国际上具有代表性的内容中心网络项目主要包括加州大学洛杉矶分校的 NDN[1,2]项目、加州大学伯克利分校的 DONA[3]项目、芬兰赫尔辛基科技大学的 PSIRP[14]项目和欧盟 FP7 资助的 4WARD[4]项目等。同时，在我国也有对内容中心网络进行研究的重大科研项目，包括国家 973 计划项目"可重构信息通信基础网络体系结构"[5,6]和"智慧协同网络理论基础研究"[7,8]等。

CCN 的路由技术在内容高效分发方面具有很大的优势：一是节点转发模式继承了传统 IP 网络的特点，能够很好地兼容 IP 网络体系，因此 IP 网络中的路由协议可以成功地移植到 CCN 中；二是 CCN 节点自身的特点，具有处处缓存的功能，任何一个节点如果满足用户请求都可以传送响应数据，尤其当前用户位置极易发生变化，CCN 节点能够及时响应用户需求，具有很好的用户体验。CCN 的这种自适应的多径路由和无结构路由[9]，不仅能够满足网络数据冗余的要求，还能够在用户位置高速变化的情况下，减少链路的延迟，保证网络的负载平衡，在移动性、多样性及内容高效传输方面占有很大的优势，但是也存在一定的问题。

CCN 采用基于内容命名的路由，即一步式解析机制，将内容对象作为唯一的命名标识，把请求者发送的兴趣包广播到内容节点，然后一个或多个数据源节点发布响应的内容信息。CCN 的这种路由和转发机制有效地解决当前网络中存在的一些管理问题，如地址空间不足、可移动性、可扩展性及 NAT 穿越。CCN 继承了 IP 路由公告，主要通过泛洪的方法路由到达的内容资源，先进行内容对象的名字前缀公告，路由器收到公告信息后，建立并更新各自的 FIB。另外，CCN 的地址前缀和 IP 的地址前缀虽然有所差别，但是它们各自的一些语义处理和基本的处理方法基本相同，都是采用分层命名和最长前缀匹配。因此，CCN 只需在 IP 路由协议及系统的基础上进行简单修改，便可以实现路由协议与网络部署。两者的不同之处在于 CCN 的多源、多路径路由转发不受限，并且 CCN 也不需要考虑路由环路的问题。

文献[10]中提出了一种类似于开放最短路径优先协议（Open Shortest Path First，OSPF）的 CCN 路由协议，主要用于描述 CCN 下兼容的 IP 路由协议（见图 3-1），证明在 IP 网络体系结构下正常运行的路由协议也能移植到 CCN

网络体系结构中。

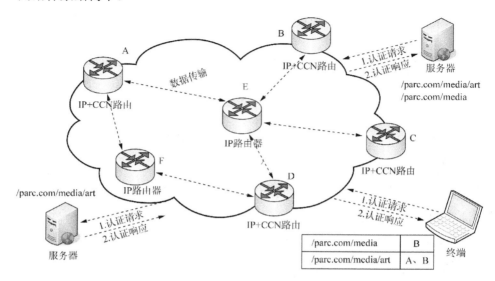

图 3-1　IP 路由协议

3.2　内容中心网络路由概述

目前，关于 CCN 路由的研究仍然很多，但有一点是确定的，即任何在现有 IP 网络中运行的路由协议，同样可以在 CCN 中有效地运行。这是由于 CCN 节点的转发机制是基于 IP 路由器设计的，并且它的限制条件更少。同时，CCN 路由的语义和基本处理机制也与 IP 路由基本相同。

3.2.1　内部路由协议

内部路由协议有两个基本作用：第一，用于节点描述其本地连接性；第二，用于节点描述其直接通达路由。但一般而言，这两种功能都是在不同的域中实现的。

虽然 CCN 地址前缀和 IP 地址前缀不同，但是无论是 OSPF 还是 IS-IS，都提供了 TLV 选项，利用该选项，CCN 可以很容易地实现 CCN 地址前缀的发布。同时，在内部路由协议中规定了对于无法认知的信息可以忽略，所以 CCN 节点完全可以和现存的运行 IS-IS 或 OSPF 的 IP 网络直接连接，而不影响其运行。

图 3-2 所示的例子说明了 CCN 与 IP 网络共存的工作情况，其中，单圈节点是 IP 路由器，双圈节点是 IP+CCN 混合路由器。与 A 相连的媒体仓库通过 CCN 广播向 A 通告了它能够提供的内容名字前缀 "parc.com/media/art"，A 路由器的路由进程收到该信息后，将其添加到 FIB 中，同时将该前缀封装到 IGP 通告（LSA）中向其他节点泛洪。在本例中，节点 E 先后收到了来自节点 A 和节点 B 的 CCN 路由通告，并把它们都添加到了自己的 FIB 中，因此当节点 E 收到一个内容名字为 "parc.com/media/art/Avatar.mp4" 的请求时，将会同时向节点 A 和 B 转发请求。作为中间节点的 IP 路由器，仅按照 IP 路由信息转发该数据包，并不是对 CCN 请求进行处理，而是进行忽略。

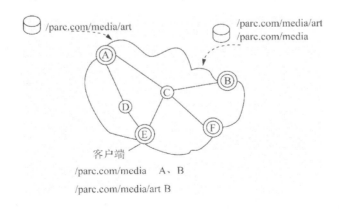

图 3-2　CCN 路由示例

CCN 路由可以动态产生带宽和时延接近优化的路由拓扑（如请求数据包不重复、最短路径优先等）。但是在本例中，由于网络中包含一些 IP 节点，这部分节点不能实现 CCN 功能，以致无法达到优化目的。例如，如果 F 节点连接的客户也有与 E 节点相同的内容请求，那么在 AC 和 BC 链路上就会存在重复的 CCN 请求，其原因就是 C 节点不能执行 CCN 转发操作。一旦 C 节点升级为 CCN 节点，该问题就得到了解决。

3.2.2 外部路由协议

当用户超过一定的规模时，CCN 在网络互联方面的优势就体现出来了。因为用户都只从就近节点的内容存储器中提取所需的信息（除了第一个用户），所以内容流的时延大大减少了，同时节省了网间的电路需求和建设成本。

CCN 的用户直接与自己的 ISP 连接，所以关键在于能够发现内容路由器，只有这样，才能使用 CCN 服务。这可以通过改进的 DNS 服务来实现，不同网络间可以通过 DNS 查询来实现信息的共享。但是，如果两个 CCN 不能直接连接，而是通过其他 ISP（不含内容路由器）实现互联，则这两个 CCN 就不能实现互访。此时，需要域间路由提供帮助。CCN 之间需要将域的内容前缀信息集成到 BGP 中以相互通告内容信息。目前 BGP 与 IGP 一样，也可以在域间实现 TLV 机制，用于支撑向用户和其他网络通告内容地址信息。

3.2.3 分布式路由机制

早期的内容中心网络分布式路由机制（如 NSLR）提供了路由的最初蓝本，它规划了 CS、PIT 和 FIB 的使用方法。当兴趣包到达节点时，将根据设置的路由算法计算出一条到发布者的路径，一旦在传输过程中遇到了匹配内容，就立即返回数据包。由于网络中分布了大量相同的缓存内容，后续的研究也在此基础上引入了对缓存内容的搜索，使得网络性能大大提高。可靠性和稳定性保证了分布式路由可应用在大规模的网络中。由于不需要收集全域信息，因此网络的控制开销相对较低。但是，如果网络传输的内容种类繁多且频繁变化时，需要设计出处理能力更强的路由节点，以保证网络的稳定性。

（1）NSLR[23]。命名链路状态路由（Named-data Link State Routing，NSLR）通过广播链路状态 LSA（Link State Advertisement）建立网络拓扑和传播内容名字的可达性。当链路发生故障或新节点引入时，以及发布者提供的内容发生变化时，内容路由器都会向域内节点广播 LSA。邻接 LSA 用来声明和某个内容路由器相连的所有链路，前缀 LSA 用来声明在某内容路由器上注册的某个内容名字前缀。当某个内容名字有多个下一跳接口时，先保留其中的某个接口，使用 Dijkstra 算法计算该接口到达发布者的代价，且对与内容对应的所有下一跳接口都重复以上过程，计算出利用每个接口到达目标节点的代价并进行排序。兴趣包每经过一个节点都重复以上动作，直至到达发布者。目前，研究者已经使用 NDNx[24]平台的 SYNC 机制分发链路状态信息成功实现 NLSR 机制。该路由机制可以有效降低网络中的冗余流量，但是每个路由器对每个下一跳接口均需要逐一计算相应的代价，当下一跳接口较多或路由路径较长时，计算复杂度较大。

（2）NbS[25]。文献中提出一种基于邻居节点缓存搜索的路由机制（Neighbor Search Strategy，NbS）。该机制通过布隆过滤器生成内容的标签，每个路由节点根据标签生成自己的邻居节点缓存列表，其中包含了邻居节点缓存的内容名字，并且记录了请求路由的方向。当请求者发送一个兴趣包时，在正常情况下，该兴趣包应该被转发到发布者，但如果此时节点发现其邻居节点缓存有请求的内容，那么会放弃指向发布者的路由，将兴趣包转发到邻居节点。NbS 具有以下优点：第一，网络减少了多余的缓存内容；第二，通过获取邻居节点的缓存，增加命中率。该机制面临的问题是 CCN 路由器由于缓存容量的限制，导致一部分缓存的内容丢弃。因此，当兴趣包到达刷新后的邻居节点时，将无法搜索到已经丢弃的内容数据，可能造成平均请求时延的增加。

（3）CATT[26-28]。文献中提出了一种基于势能的路由机制（Cache Aware Targetiden Tification，CATT），该方案对于发布者服务器产生的稳定内容构建永久势能场，采用类似于传统 CCN 的泛洪方式通知，实现兴趣包的全局感知路由。对易变的缓存节点构建易变势场，将内容名字采用固定跳数的方式通告到邻居节点，兴趣包依据收到的最小势能值确定下一跳的转发接口，从而获取最近的内容，实现兴趣包的局部路由。但是，该方案并未区分缓存节点和发布者节点的服务器性能，当多个缓存节点的势能叠加后，容易造成兴趣包并未受到最近的内容源的吸引，导致请求无法快速响应。同时，CATT 对缓存内容没有进行区分，会将一个节点缓存的所有内容以相同跳数向周围节点进行通告，造成网络的带宽资源浪费。

3.2.4　集中式路由机制

CCN 区别于传统的 TCP/IP 网络体系结构，兴趣包通过匹配名称查找请求的内容，这种模式更适合未来网络对数据复制和分发的需求。但是，由于 CCN 与现有的网络差别较大，因此需要借助其他手段实现网络的部署，而软件定义网络[29-31]（Software Defined Networking，SDN）成为实现 CCN 的重要手段之一。CCN 是一种分布式的网络结构，当 SDN 集中控制与分布式的 CCN 结合时，使得只能停留在理论研究的 CCN 有了成为现实的基础。因此，二者融合的架构具有学术研究和工业实现的价值。引入 SDN 后，融合网络实现了控制平面和转发平面的分离，提高了可编程性和兼容性。

（1）coCONET[32]。Blefari-Melazzi 等最早提出利用 SDN 将 ICN（采用

CONET 架构）的底层网络进行抽象并灵活管理的方法。CONET 被划分为数据层和控制层：数据层包括内容发布者服务器，客户请求端和 ICN 路由节点（替代 OpenFlow 交换机）；控制层包括安全管控实体和名称路由系统（Name Routing System，NRS）节点（替代 OpenFlow 控制器）。两个平面通过扩展后的 OpenFlow 1.0 协议完成通信，并在基于 OFELIA 的测试平台上进行实验。实验证明了无须部署 ICN 的专用硬件也能在传统的 IP 网络实现 ICN 功能，可实现灵活的网络管理，并降低了部署的难度。

（2）SD-CCN[33]。采用 SDN 控制器分离了 CCN 的控制平面与数据平面，基本组成包括控制平面、控制通道、数据平面和数据通道 4 个部分。其中，控制平面中的拓扑管理器管理域内的拓扑信息，内容管理器管理域内所有内容数据的位置信息。路由和转发等控制策略由控制平面下发到数据平面，数据平面仅完成兴趣包/数据包的传输。SD-CCN 通过控制平面具有的全局视角和可编程化软件，使得网络的配置难度降低，同时对兴趣包的路由和数据包的缓存更加智能。仿真结果显示，基于 SDN 的 CCN 架构具有更小的网络开销。

（3）SDRC[34,35]。Elian Aubry 等学者在 2015 年提出了基于 SDN 的 CCN 路由机制（SDN-based Routing Scheme for CCN，SDRC），该路由机制在控制层平面添加了 SDN 控制器，具有两个主要的功能：①获得网络拓扑并计算最优路由；②对内容名字进行解析。当路由节点收到一个兴趣包后，依次查询 CCN 的 3 张数据结构表，如果所有表项均不匹配，那么向控制器发送该兴趣包。SDRC 利用 SDN 控制器的全局视角为兴趣包计算一条转发路径，然后下发转发规则到途经的转发节点，兴趣包根据新生成的转发规则找到数据内容。此外，不同域之间的控制器可以相互通信，支持兴趣包的跨域请求。在整个过程中，SDN 控制器充当集中式的路由决策，为找不到下一跳接口的兴趣包提供转发规则，有效地降低了因不存在匹配项，兴趣包发生丢弃的次数。该方案不仅在 NDNx 平台进行仿真，还被部署在基于 Docker 的虚拟化测试平台，验证了该机制的可行性和高命中率。

3.2.5 CCN 路由选择策略

当前，内容中心网络中的路由选择策略主要分为以下 3 种。

1．全转发策略

全转发策略的工作原理：当转发兴趣包时，节点在 FIB 条目中查找内容名字的命名前缀，记录所有经过的接口，并通过这些接口全部转发兴趣包，这种全转发策略是当前 CCN 系统原型中使用的策略。全转发路由策略虽然可以减少数据报文的时延，提高请求者访问数据的响应效率，但是容易出现大量的数据冗余，造成网络流量的冗余，甚至出现数据拥塞现象，降低网络的传输效率。

2．随机转发策略

随机转发策略的工作原理：当转发兴趣包时，路由器中的节点将在本地 CCN 类 FIB 表项的所有接口中随机选择一个下一跳端口作为请求数据包的转发端口进行路由。该路由转发策略虽然能够减小数据冗余、减少数据拥塞发生的次数，但是无法保证内容请求者能够快速、高效地获取最优的内容对象。

3．蚁群转发策略及其改进策略

蚁群转发策略是一种基于蚁群智能算法的路径选择策略[10]，通过向网络中发送嗅探报文完成工作，它能够探测不同下一跳端口下的路径信息，通过考虑节点负载均衡等限制条件找到最佳的端口，然后通过匹配该内容前缀名，将请求节点和沿途路由节点的最优端口连接起来，生成最优路径。这种策略虽然减少了网络的数据冗余，但是也存在一定的缺点，如果沿途节点存有访问的内容信息,那么通过该转发策略得到的路径就不一定是最优路径。

蚁群转发策略的改进策略——邻居缓存路由策略[11]的工作原理:首先利用蚁群智能算法记录网络中初始状态下的端口信息,减少不相关请求报文泛洪引起的冗余流量,接着建立邻居缓存表,利用嗅探报文探测该节点附近的邻居节点,把请求内容对应的接口信息保存在 NCT 中,方便进行路由决策。这种方案避免了蚁群转发策略中所找到的路径不是最优路径问题的发生。

文献[12]中考虑到网络中内容信息的流行度,进一步完善了蚁群智能算法,设计了一种基于内容流行度的蚁群优化路由选择算法,该算法主要是将用户向网络发送的请求内容的属性特征与嗅探报文的特征关联,从而使网络中最佳路径更新的速度随着内容流行度的提高而加快。算法的主要过程为:首先对访问过的内容对象进行累计,然后通过 Zipf 分布计算,对内容流行度进行分析,求出在一定的时间周期内内容对象被访问的概率;通过分析访问的概率,得出内容对象的流行度,流行度越高的内容对象,目的节点在进行路由查找时路径更新的概率越高。

3.3 基于网络编码的自适应路由方法

网络编码的作用主要是传输网络中的节点对数据所进行的编码-解码操作,可以用典型的 6 个节点的蝴蝶状网络拓扑图来阐述网络编码在 CCN 中的基本思想,如图 3-3 和图 3-4 所示。假设每条链路的传输容量是 1,即每条链路有一个单元的传输成本,每个内容路由器(CR)有一个缓存容量单位,即缓存一个数据块。图中显示两个用户同时发送请求内容,请求内容包含 2bit 的数据,即分别是 1bit 的数据块 a 和 b,数据块 a 缓存在 CR2、CR1 中,数据块 b 缓存在 CR4 中。

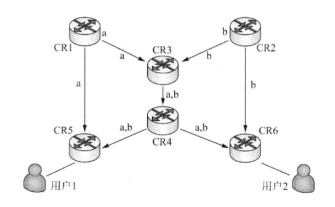

图 3-3　CCN 中传统的数据包传送基本模型

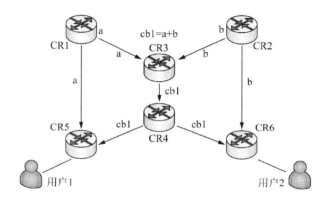

图 3-4　CCN 中使用网络编码的数据包传送基本模型

首先，分析 CCN 中没有使用网络编码思想的情况，用户 1 接收到分别来自 CR1 和 CR2 的数据块 a 和 b，网络链路传输成本是 4 个单元的传输开销，其中包括来自 CR5 的传输开销；用户 2 接收到分别来自 CR1 和 CR2 的数据块 a 和 b，网络成本是 4 个单元的传输开销。因此，网络总传输成本是 8 个单元的传输开销。其次，分析 CCN 中使用网络编码思想的情况，一个 CR 能够缓存一个编码块。在这种情况下，假设一个编码块 cb1 代替数据块 a，缓存在 CR3，该编码块 cb1 能够满足子数据块 a、b 发送的请求。用户 1 和用户 2 可以接收来自 CR3 的编码块 cb1，基于内容分发机制的编码块可以沿着请求树（该请求树由请求者发送的请求构成）进行多播传输。在这种情况下，网络总传输成本是 5 个单元的传输开销，系统的传输效率提高了 25%。接下来详细分析网络编码思想在 CCN 路由中的编码及解码过程。

网络编码方案的选取主要与网络环境相关，不同的网络环境对应选取不一样的编码方案。线性网络编码技术最适合在无环网络环境下选取，而在有环网络环境中，最适合选取卷积网络编码技术[14,15]。线性网络编码技术的主要思想为网络中每个路由节点都线性处理其接收到的内容；随机网络编码技术的主要思想为节点对接收到的内容进行编码时，所选取的编码系数是随机的[16]。文献[17]中给出了在有限域 Fq 中，如果要使网络中数据的传输达到其最大的传输容量，只需要选取足够大范围的编码系数，再选取合适的线性网络编码技术就能实现。本章主要针对无环网络环境下的自适应路由方法进行研究，因此使用的编码方案是随机线性网络编码。下面介绍随机线性网络编码的过程。

首先，源节点选中 m 个原始数据包分为一组，同时给该组原始数据包定义一个组标识，记为 $S_1, S_2, \cdots, S_m$。然后，源节点从一个有限域 Fq 中随机选出 m 个数 $\gamma_1, \gamma_2, \cdots, \gamma_m$，并将其作为源节点编码的编码系数，接着挑选 n 个类似的数组成一个 $m \times n$ 维的矩阵，用此矩阵将 m 个原始数据包编码成 n 个新的数据包记为 $z_1, z_2, \cdots, z_n$。假设，编码第 i 个数据包时使用的 m 个编码系数分别为 $\gamma_{i1}, \gamma_{i2}, \cdots, \gamma_{im}$，则使用的编码过程见式（3-1）。

$$z_i = \sum_{j=1}^{m} \left(\gamma_{i,j} \times S_j \right)(i=1,2,\cdots,n) \tag{3-1}$$

用 $m \times n$ 维的矩阵将 m 个原始数据包编码成 n 个新的数据包，其过程见式（3-2）。

$$\begin{bmatrix} \gamma_{11} & \cdots & \gamma_{1m} \\ \vdots & & \vdots \\ \gamma_{n1} & \cdots & \gamma_{nm} \end{bmatrix} \begin{bmatrix} S_1 \\ S_2 \\ \vdots \\ S_m \end{bmatrix} = \begin{bmatrix} z_1 \\ z_2 \\ \vdots \\ z_n \end{bmatrix} \tag{3-2}$$

编码生成 $z_1, z_2, \cdots, z_n$ 个数据包后，在数据包中添加头部信息，头部信息包括该组数据包的组标识和编码向量 $\gamma_{i1}, \gamma_{i2}, \cdots, \gamma_{im}$，如图 3-5 所示，最后将设计的新的数据包发往目的节点。

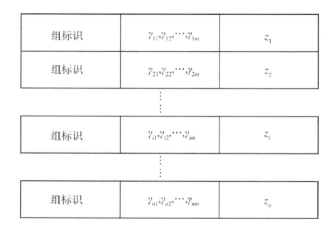

图 3-5　编码后的数据包

中间节点收到编码的数据包后，将其暂存起来，随后挑出一组数据包，它们具有相同的组标识，接着在有限域 **Fq** 中随机选取一组相同个数的系数，再对这组数据包进行重新编码。在这里假设中间节点接收到相同组标识的数据包个数为 K，再次进行编码选取的数据包系数为 $\theta_{i1}, \theta_{i2}, \cdots, \theta_{im}$，则中间节点 b 对第 i 个数据包进行再编码的过程见式（3-3）。

$$z_{i'} = \sum_{j=1}^{K} \left(\theta_{i,j} \times z_j \right) \tag{3-3}$$

将接收到的组标识相同的数据包进行再编码，可以进一步降低数据包的线性相关性。目的节点至少接收到 m 个组标识相同的数据包，才能将这 m 个编码系数组成一个 $m×m$ 维的满秩矩阵，然后通过矩阵转换解码为 m 个原始数据包，其解码矩阵见式（3-4）。

$$\begin{bmatrix} S_1 \\ S_2 \\ \vdots \\ S_m \end{bmatrix} = \begin{bmatrix} \gamma_{11} & \cdots & \gamma_{1m} \\ \vdots & & \vdots \\ \gamma_{m1} & \cdots & \gamma_{mm} \end{bmatrix}^{-1} \begin{bmatrix} z_1 \\ z_2 \\ \vdots \\ z_m \end{bmatrix} \tag{3-4}$$

由式（3-4）可知，目的节点能否解码成功并还原出原始的数据包，与编码系数的线性相关性有直接关系，即与编码向量所组成的矩阵是否为满秩矩阵有关。若编码系数线性不相关，则解码成功，否则解码失败。相关研究证明，当有限域 Fq 的域值扩大到 2^{16} 时，目的节点经过解码矩阵还原出的原始数据包失败的概率仅为 0.004。因此，为了提高解码成功率，需要增大有限域 Fq，进而减少数据包编码系数的线性相关性。在实际的网络编码应用中，有限域 Fq 的取值范围只需达到 2^8，在该情况下得到的编码系数都是线性不相关的。

有限域 Fq 的取值范围直接影响编码系数的线性无关性和解码成功率，若有限域 Fq 的取值范围太小，则大量分块数据包的需求将很难满足，从而使得编码的系数向量可能被重复选中，提高数据冗余度，解码的成功率也随之降低；若有限域 Fq 的取值范围太大，虽然系数向量的线性无关性降低，但是数据包的头部信息被编码系数向量占用的空间也增大了，使得数据包中有效数据占有空间的比例下降，并且这对节点的缓存和计算能力也有了更高的要求。表 3-1 所示为不同编码系数 Fq 与系数向量线性无关概率的关系。

综上所述，借鉴网络编码思想，路由节点能够将原始数据包编码生成多个子编码数据包，然后利用 CCN 的内在缓存特性，在全网范围内进行碎片化缓存。即使在用户位置发生高速变化时，路由节点也能够在邻近节点获取请求的编码内容片段,然后进行解码合并,最后将解码后的数据包发送给用户,以满足用户的请求。在此过程中,用户发送的请求不需要到达原始的数据源,即可获得相应的请求内容,大大减少了响应时延,提高了数据的传输效率。

表 3-1 不同编码系数 Fq 与系数向量线性无关概率的关系

Fq	线性无关概率	Fq	线性无关概率	Fq	线性无关概率
2^1	0.288788	2^5	0.967773	2^9	0.998043
2^2	0.688538	2^6	0.984131	2^{10}	0.999022
2^3	0.859406	2^7	0.992126	2^{11}	0.999511
2^4	0.933595	2^8	0.996078	2^{12}	0.999756

为了使网络编码发挥更好的效果,尽量减少编码数据包在网络中的拥堵时间,本章还使用了比较经典的自适应路由方法,即采用了多径路由技术,使网络编码数据包在网络中沿着多条路径进行传输。多径路由技术已经很成熟,并且应用在很多领域。文献[18]和文献[19]中提出一种基于内容轨迹的内容中心网络多径路由策略,主要是通过内容轨迹将兴趣包传送到原有节点路径以外的路由器缓存,使得兴趣包扩大搜索范围,提高缓存命中率,同时将多径路由冗余限制在一定范围内。另外,无线网络环境下网络编码技术和多径路由技术也得到了较好的应用,文献[20,21]中提出了基于网络编码的无线传感网多路径传输方法,将同一组数据进行网络编码,产生多个相互独立的数据块,沿着多条路径进行传输,以减少失效链路带来的影响。

但在 CCN 网络中,以上技术的使用仍然存在一些问题。因此,本章提出了基于网络编码的自适应路由方法,主要借鉴网络编码思想和多径路由技术。该路由方法能够根据路径的可靠性和编码机会,动态地在多条路径上进行编码数据包的传输,尤其在用户位置高速变化时,能够快速响应用户的请求,提高用户群体的通信质量,并提高网络的传输效率。

3.3.1 基于位置变化的自适应路由模型

随着网络规模的爆炸式增长、新型通信业务的多样化发展，现有单一的内容路由技术已无法有效适应用户高速移动环境下的实时多发情景，尤其用户位置的高速移动变化给 CCN 路由带来了极大的挑战：一是用户位置在高速移动时，网络无法快速进行自适应路由的选择，而引起路由节点失效、网络通信时延长、链路出现间歇性连接等一系列亟待解决的问题；二是由于中间路由器的移动而引起的反向路径状态失效等问题。基于这些问题的分析，CCN 也需要使用新的技术来解决由于用户位置变化带来的路由问题。因此，本章借鉴网络编码思想和多径路由技术，提出了基于网络编码的自适应路由方法，减少用户在高速移动环境下链路的失效，降低网络的冗余度，实现高效的内容分发和获取。

基于位置变化的自适应路由模型借鉴经典的不相交多径路由策略，其网络拓扑如图 3-6 所示，假设 CCN 网络中有 N 条不相交的路径，记为第 1 到 N 条，每条路径包含的节点个数记为 n_i，$i=1,2,\cdots,N$，目的节点为第 n_i 个节点，源节点为第 0 个节点。

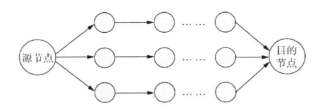

图 3-6　基于位置变化的自适应路由模型

将网络编码思想应用在 CCN 中，主要是将原始数据包编码分割成多个大小相同、互不重叠的编码数据块。这些数据块随后被发送到多条节点不相交的路径上，当任意一个节点收集到足够的数据块使得它们的大小的总和不小于原数据包的大小时，该节点就可以重建原数据包。也就是说，数据源节点可以改变传统的多径路由方法,对每一份数据报文并不都需要进行多径路由传输,而是使用网络编码技术将与用户发送兴趣报文 S 匹配的数据报文切分为编码块 c 和 c′,并沿多条路径分别在中间节点进行内容缓存(CS),然后用户终端通过解码 c 和 c′ 得到内容报文 S。当用户移动到新位置并发送请求时,该用户能够就近从多条路径的不同缓存解码得到内容 S(见图 3-7)。具体编码-解码过程参照网络编码、解码公式[式(3-1)~式(3-4)]。该机制可以将用户迁移前后的通信时延差异减小,从而抑制由于位置变化带来的用户通信质量下降。

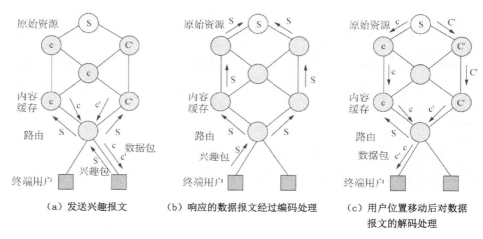

图 3-7 基于网络编码的自适应路由方法传输过程

但是,在 CCN 内在缓存机制中,编码块沿着传输路径可能缓存在多个节点中。相同的编码块或缓存在多个节点的线性相关的编码块能够提供给相同的用户,并对其提供多播请求。如图 3-8 所示,假设一组基编码块数量为 n,这组编码块是用户感兴趣的编码块。U_1 区域的用户获得 m 个请求内容为 C 的编码块,这些编码块存储在网络 N_1 的节点中,剩余的 $n-m$ 个请求内容为 C 的编码块来自网络 N_2。m 个基编码块 $cb_1, cb_2, \cdots, cb_m$ 经过编码之后组成 $m′$($m′ \geqslant m$)个线性相关的编码块缓存在网络 N_1 中的多个节点处。同理,$n-m$ 个基编码块 $cb_{m+1}, cb_{m+2}, \cdots, cb_n$ 编码形成的 $n′$($n′ \geqslant n-m$)个线性相关的编码块

缓存在网络 N_2 中的多个节点处。当在区域 U_2 中的用户多播发送请求，需要 n 个请求内容为 C 的编码块时，这个请求首先到达网络 N_1。由于没有特定的机制允许节点彼此了解缓存的编码块和编码块的系数，导致节点之间无法进行全局的合作以提供线性无关的编码块。在区域 U_2 的用户可以获得 $t \geq n \geq m$ 个来自 N_1 节点的编码块。在这种情况下，区域 U_2 的用户接收到来自网络 N_1 的线性相关的编码块的概率为 1。因此，如果不引入额外的机制适应 CCN 的网络编码，CCN 的原始网络内在缓存机制不适合使用随机网络编码。本章使用随机线性网络编码对网络中的数据块进行编码。

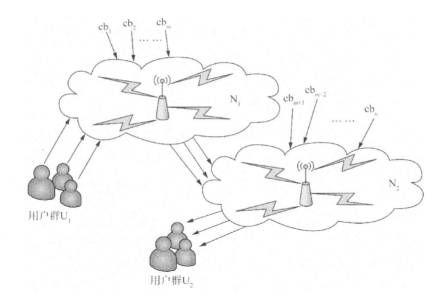

图 3-8　网络编码应用实例

路由节点编码-解码过程如下。

首先，给出编码后封装的数据包格式，如图 3-9 所示，其中，源节点地址、目的节点地址和数据包编码各占 1Byte，原始数据占 L bits。

其次，数据包在传输过程中，通过使用随机线性网络编码技术，路由节点可以将每条路径上的数据包分为 K 个子数据包，随后进行编码，生成 K' 个数据包,然后将组标识和编码系数打包到其包头信息中,经过处理分发出去,源节点编码传输过程如图 3-10 所示。首先在有限域 Fq 内选取编码向量确定编码参数,生成编码系数;然后对原始数据包进行编码,将 K 个原始数据包编码生成 K' 个编码数据包;接着编码数据包在传输过程中对经过的路由节点进行遍历,确认是否存在相同编码系数的数据包。如果不存在相同的编码系数,说明该节点存在的编码数据包都是线性无关的,从而遍历结束;如果存在相同的编码系数,需要对相同的编码系数进行二次编码,尽量减少编码数据包的线性相关性,从而提高数据包的解码成功率。

图 3-9　编码后封装的数据包格式

CCN 网络中的中间节点是否对收到的数据包进行编码的判断依据是通过对网络的需求进行分析处理后得出的,该处理过程可以根据对网络时延要求的高低进行分类处理。对网络时延要求高的,路由节点在接收到数据包后就直接转发;对网络时延要求不高,但对接收到的数据包的正确率要求高的,则中间节点需要再次对数据包进行网络编码,编码之后再进行传输,其每个向量之间的线性相关性进一步减小。对于数据包的编码分片的大小主要通过该内容的流行度决定,流行度高的数据包,尽量少进行编码;反之,流行度低的数据包可进行多次编码。对于数据包内容流行度的相关研究很多,其主要的一个判断过程为:首先对响应过的数据包进行累计,然后通过 Zipf 分布统计,对数据包的内容流行度进行分析,计算出在一定的时间周期内,该数据包的内容响应的概率;响应的概率可以反映出内容的流行度,流行度越高的数据包内容,在网络编码过程中尽量减少其编码量或不编码,直接进行数据传输,因为内容流行度高的数据包,需要响应的时间比较短,如果进行编码,增加数据包的冗余长度,就会增加响应的时间,反而会降低数据的传输效率。

只要源节点在足够大的有限域 Fq 内选取编码向量,则目的节点接收 K 个数据包后,解码还原出原始数据包的成功率就越高。

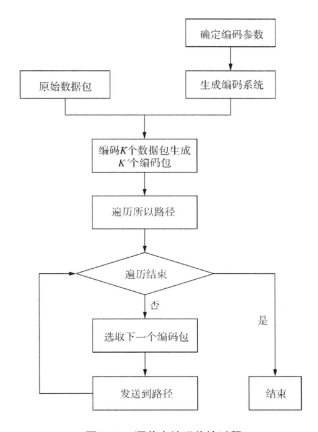

图 3-10　源节点编码传输过程

3.3.2　实验环境配置

1. 节点模型

在基于网络编码的自适应路由仿真的过程中,仿真节点采用 498 个节点容量的 CCN 对象面板(见图 3-11)。其中,"CCN_node"代表 CCN 中的源节点（或目的节点），即普通节点；"CCN_CN_node_498"代表 CCN 的中间节点，具有网络编码能力。两种节点的区别在于，普通节点不具有网络编码的能力，中间节点能够将网络中源节点响应的数据包进行网络编码之后再传输。

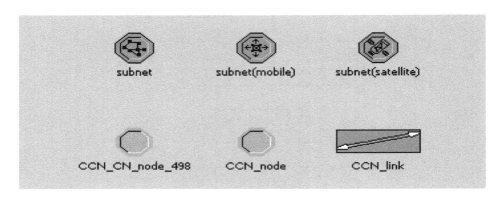

图 3-11 仿真对象面板

任意节点间的链路用"CCN_link"代表，选取其"delay"属性值为"Distance Based"，这个值表示节点之间发生的信息通信时延主要由节点之间的物理距离引起；选取"packet formats"属性值为"CCN_interest_pkt"和"CCN_CN_data_pkt"，CCN 的兴趣包和数据包通过理论分析后自动设定，包的各种相关信息被设计在字段中。兴趣包和数据包的包格式如图 3-12 和图 3-13 所示，其中，兴趣包中的"dest_address"字段表示该兴趣包所查询的资源 ID 号，数据包中的"original_data"字段表示该数据包的源节点，字段"routing_hops"表示该数据包当前累计的路由跳数，当该数据包到达目的节点时所记录的数据就是该数据包最终所经过的路由跳数。

2. 参数设置

为了验证本章所提的基于网络编码的自适应路由方法优于传统的单路径路由方法、多路径路由方法。本部分实验基于 OPNET 11.5 仿真软件搭建网络模型，并在成功交付率（SDR）、总冗余度（TR）、传输效率（TE）3 个网络模型指标下完成单路径路由、多路径路由及基于网络编码的自适应路由仿真实验，以验证所提出的路由方法的性能。

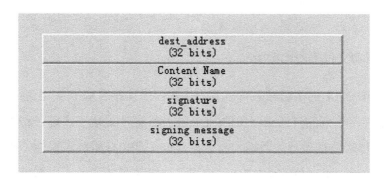

图 3-12　CCN_interest_pkt 兴趣包格式

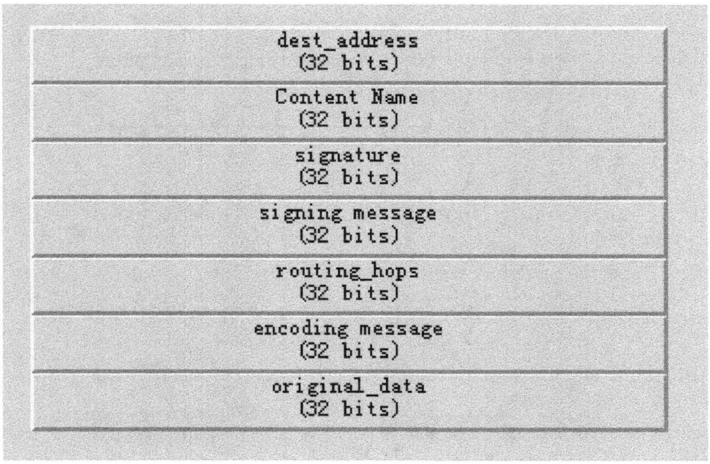

图 3-13　CCN_CN _ data_pkt 数据包格式

选取合适的参数能够更好地分析各种传输机制的性能。设置发送有效数据的长度为 512bits，数据包头为 16bits，编码后的数据包头为 32bits，两个目的节点，每个节点拥有的路径数是 8，两个目的节点的每条路径分别有 6、5 个节点，发送数据包数目 K 的值为 4。

3.3.3 实验结果分析

1．成功交付率对比实验

通过图 3-14 的实验结果可以看出，在信道误码率从 0 到 2 的变化过程中，基于网络编码的自适应路由的 SDR 指标性能明显优于多路径路由和单路径路由，仿真数据和理论数据相吻合，验证了理论分析的正确性。因为网络编码技术、多径路由协议的结合，增强了网络的容错能力，提高了目的节点接收数据的正确性。SDR 随着信道误码率上升而逐渐下降的原因主要是随着误码率的上升，数据包在每个节点出错的概率增大，从而使传输功率下降。

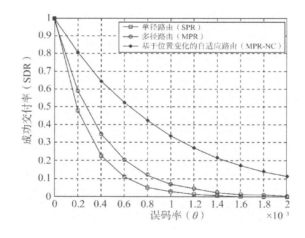

图 3-14　成功交付率随误码率变化曲线

2．总冗余度对比实验

网络中的总冗余度从另一方面反映了路由协议的容错能力，从图 3-15 的实验结果可以发现，网络总冗余度 TR 随着信道误码率的增大而增长，当误码率小于 0.4 时，3 种协议的冗余度都保持在较低的水平，随着误码率的不断升高，单径路由的冗余度急剧增大，而基于网络编码的自适应路由的冗余度增长得较慢。因为随着误码率由低到高，3 种模型路径上的需要重传的数据包的数量在增加，而编码后的数据包比其他两种没有参与编码的数据包在传输过程需要重传的数据包的数量减少，所以增加了成功交付率而减小了冗余度。从冗余度仿真结果可以看出，仿真数据和理论数据是吻合的，验证了理论分析的正确性。

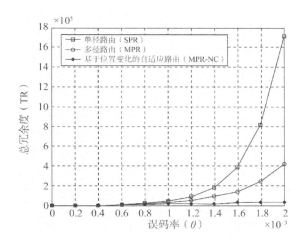

图 3-15　总冗余度随误码率变化曲线

3．传输效率对比实验

从图 3-16 的实验结果可以看出，随着误码率由低到高的变化，3 种模型的传输效率均下降。但是，基于网络编码的自适应路由下降的速率相对其他两种较慢。其主要是由于源节点将 K 个原始数据包通过网络编码技术编码成多个数据包，然后沿着多条路径传输下去，再根据编码-解码策略，目的节点根据部分编码数据包的信息就可以恢复出原始数据包。对于其他两种未使用编码技术，需要正确接收经过 n 次发送的数据包，并且每次发送都是独立的事件。因此，随着误码率的不断升高，需要重传的数据包数量也逐渐增加，没有使用网络编码的模型的传输效率下降速度快，而使用网络编码技术的模型的传输效率也在下降，只是慢一些。从传输效率仿真结果可以看出，该实验的仿真数据和理论数据是一致的，验证了理论分析的正确性，也验证了该模型设计的优越性。

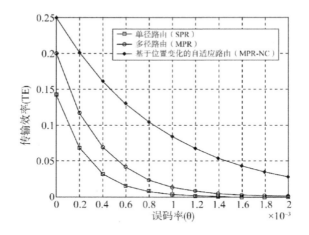

图 3-16　传输效率随误码率变化曲线

从以上 3 种网络性能指标的仿真结果分析可以看出，相对于单径路由方法与多径路由方法，基于网络编码的自适应路由方法具有较好的性能，从而验证了基于网络编码的自适应路由方法的优越性。

3.4　小结

本章从研究背景、内容中心网络路由概述、基于网络编码的自适应路由方法 3 个方面对内容中心网络路由机制的相关研究内容进行阐述。在研究背景中，首先介绍了 CCN 路由与传统 TCP/IP 网络路由的区别，主要包括基于内容名字的路由机制、支持多播和广播、基于逐跳的包转发及路由器缓存功能；然后介绍了 CCN 路由协议现存的一些问题。在 CCN 路由概述中，分别从内部路由协议、外部路由协议、分布式路由机制、集中式路由机制及 CCN 路由选择策略 5 个方面介绍了 CCN 路由的相关技术。在基于网络编码的自适应路由方法中,首先介绍了本书团队提出的基于位置变化的自适应路由模型,然后搭建仿真实验环境,最后通过实验结果,分析成功交付率、总冗余度及传输效率 3 个指标,得出该方法相对于单路径路由方法和多路径路由方法,具有较好的性能及优越性。本部分的研究成果将为未来内容中心网络路由机制的相关研究提供必要的理论依据。

参考文献

[1] Fricker C, Robert P, Roberts J, et al. Impact of traffic mix on caching performance in a content-centric network, 2012 [C]. 2012 IEEE Conference on Computer Communications Workshops, 2012.

[2] Koponen T, Chawla M, Chun B G, et al. A Data-Oriented (and Beyond) Network Architecture [J]. ACM SIGCOMM Computer Communication Review, 2007, 37 (4): 181-192.

[3] Ain Mark. Academic Dissemination and Exploitation of a Clean-slate Internetworking Architecture: The Publish-Subscribe Internet Routing Paradigm.

[4] The European Community's Seventh Program [C]. The FP7 4WARD Project.

[5] 兰巨龙, 程东年, 胡宇翔. 可重构信息通信基础网络体系研究 [J]. 通信学报, 2014, 35(1): 128-139.

[6] 兰巨龙. 可重构信息通信基础网络体系研究 [R]. 国家 973 重大计划项目任务书, 2011.

[7] 张宏科, 罗洪斌. 智慧协同网络体系基础研究 [J]. 电子学报, 2013, 41(7): 1249-1254.

[8] 郜帅, 王洪超, 王凯, 等. 智慧网络组件协同机制研究 [J]. 电子学报, 2013, 41(7): 1261-1267.

[9] 段洁, 邢媛, 赵国锋. 信息中心网络中缓存技术研究综述 [J]. 计算机工程与应用, 2018(2): 1-10.

[10] Zhang X, Li B. Optimized multipath network coding in lossy wireless networks [J]. Selected Areas in Communication, IEEE Journal on, 2009, 27(5): 622-634.

[11] 朱轶, 糜正琨, 王文鼐. 一种基于内容流行度的内容中心网络缓存概率置换策略[J]. 电子与信息学报, 2013, 35(6): 1305-1310.

[12] 崔现东, 刘江, 黄韬, 等. 基于节点介数和替换率的内容中心网络网内缓存策略 [J]. 电子与信息学报, 2014, 36(1): 1-7.

[13] Trossen D, Sarela M, Sollins K. Arguments for an information-centric networking architecture [J]. ACM SIGCOMM Computer Communication Review, 2010, 40 (2): 26-33.

[14] Migabo M E, Djouani K, Olwal T O, et al. A Survey on Energy Efficient Network Coding for Multi-hop Routing in Wireless Sensor Networks [J]. Procedia Computer Science, 2016, 94: 288-294.

[15] 赵炜. 基于矢量场与网络编码的无线传感器网络多径路由协议 [D]. 南京: 南京理工大学, 2014.

[16] Yang Yu Wang, Zhong Chun Shan, Sun Ya Min, et al. Network coding based reliable disjoint and braided multipath routing for sensor network [J]. Journal of Network and Computer Applications, 2010, 33(4): 422-432.

[17] 王磊, 孙中伟. 基于安全网络编码的移动网络地理位置隐私保护技术 [J]. 南京理工大学学报, 2018, 42(1): 56-61.

[18] 刘创, 王珺, 杜蔚琪, 等. 基于网络编码的无线传感器网络多径路由模型分析 [J]. 计算机工程, 2016, 42(4): 37-43.

[19] 尹吉星, 任平安. 一种改进负载均衡的网络编码多播路由算法 [J]. 计算机工程与应用, 2015, 51(13): 81-85.

[20] 李盖凡. 基于网络编码的多播路由与拥塞控制的研究 [D]. 合肥: 中国科学技术大学, 2014.

[21] Ma Lin Lin, Zhang Jian Wei, Cai Zeng Yu, et al. Network Coding-Based Multipath Content Transmission Mechanism in Content Centric Networking, 2017 [C]. 2017 9th IEEE

International Conference on Communication Software and Networks, 2017.

[22] Hoque A K M M, Amin S O, Alyyan A, et al. NLSR: named-data link state routing protocol, 2013 [C]. ACM SIGCOMM Workshop on Information-Centric Networking, 2013.

[23] Afanasyev A, Shi J, Zhang B, et al. NFD developer's guide [J]. Technical report, NDN-0021, NDN, 2014.

[24] Vasilakos X, Siris V A, Polyzos G C, et al. Proactive selective neighbor caching for enhancing mobility support in information-centric networks, 2012 [C]. Edition of the Icn Workshop on Information-Centric Networking, 2012.

[25] Eum S, Nakauchi K, Usui T, et al. Potential based routing for ICN, 2011 [C]. Proceedings of Internet Engineering Conference. IEEE, 2011.

[26] Eum S, Nakauchi K, Murata M, et al. CATT: potential based routing with content caching for ICN, 2012 [C]. Edition of the Icn Workshop on Information-Centric Networking, 2012.

[27] Eum S, Nakauchi K, Murata M, et al. Potential based routing as a secondary best-effort routing for Information Centric Networking (ICN) [J]. Computer Networks, 2013, 57(16): 3154-3164.

[28] Foundation O N. Software-Defined Networking: The New Norm for Networks [J]. 2012.

[29] Sezer S, Scott-Hayward S, Chouhan P K, et al. Are we ready for SDN? Implementation challenges for software-defined networks [J]. IEEE Communications Magazine, 2013, 51(7): 36-43.

[30] Scott-Hayward S, O'Callaghan G, Sezer S. Sdn Security: A Survey, 2013 [C]. Future Networks and Services, 2013.

[31] Detti A, Melazzi N B, Salsano S, et al. CONET: a content centric inter-networking architecture, 2011 [C]. ACM SIGCOMM Workshop on Information-Centric Networking, 2011.

[32] Cai Y, Liu J. Software defined content centric network structure SD-CCN [J]. China Sciencepaper, 2016.

[33] Aubry E, Silverston T, Chrisment I. SRSC: SDN-based routing scheme for CCN, 2015 [C]. Network Softwarization, 2015.

[34] Aubry E, Silverston T, Chrisment I. Implementation and Evaluation of a Controller-Based

Forwarding Scheme for NDN,2017 [C]. IEEE,International Conference on Advanced Information Networking and Applications,2017.

第 4 章
Chapter 4

内容中心网络缓存机制研究

为了对内容中心网络缓存有更深入的了解，充分利用有效的资源获得较好的缓存性能，从而提高 CCN 网络整体响应效率，目前已有许多学者针对内容中心网络缓存进行研究，旨在通过改善缓存方式来提高网络缓存性能。本章首先对 CCN 网络的缓存进行整体概述，其次阐述常见的缓存决策与缓存替换策略，最后总结最新的研究进展。

4.1 研究背景

与 IP 网络不同，CCN 网络支持网内缓存。在 CCN 中，网络节点（如路由器、交换机等）同时具有转发与缓存的功能。通过网内缓存，CCN 避免了对同一内容的重复传输。当被请求的内容经过某个缓存节点时，该节点可以将此内容存储下来。并且，当缓存节点再次收到对该内容的请求时，将直接响应请求，不需要向源服务器进行请求。因此，CCN 可以节省网络资源，提升内容的传输效率。

4.1.1 内容缓存技术的演进

随着社会和科学技术的发展，网络世界的互联和共享特性给人们的生活带来了极大便利，然而在满足人们生产生活对网络简单需求的同时，如何有效地提升用户的服务体验是网络运营商与开发商孜孜不倦的追求。网络缓存技术的研究目标是尽可能通过本地存储的方式，使用户端请求的内容能够在最短的时间内获得。在以内容为主的 CCN 网络中，为了满足不同优先级群体的多种服务，并为不同群体提供多样化的网络流量服务，以达到提升整体网络性能的效果，提高用户的服务质量，相关研究人员在许多方面都做出了贡献。

最初也最易被人们普遍接受的方案是基于网页技术的 Web 缓存方案[1]，该方案对页面中的内容片段进行缓存，有利于系统进一步地响应请求，提升系统请求速度，减少网络与加载时延。其原理主要是通过 Web 代理的方式在网络的关键节点上对近期访问的内容进行存储，以避免用户重复请求而响应不及时的现象。同时，Web 缓存方案也可应用于多种系统，包括前向位置系统和反向位置系统。定义控制缓存的基本机制包括 3 类：新鲜度、验证与失效。然而，Web 缓存方案也存在响应的局限性，包括对于请求热点区域流量突增时的扩展性不足，缓存内容和内容提供商之间信息的一致性无法及时保障，对于网页配置的不熟悉和缓存内容动态性变化的矛盾。

CDN 技术[2]是一种布置在数据网络上的分布式内容分发网技术，在一定程度上能够克服 Web 缓存方案带来的缺陷。其采用流媒体服务器集群技术，可以有效解决单机系统带来的系统带宽不足和数据并发处理能力不足的问题。同时，可以通过宏观调控和观测网络流量实时状况，将用户经常请求的内容放置于最接近用户的网络边缘节点，利用网络缓存和流量负载均衡实现对高度缓存服务器的分布式服务，以牺牲网络边缘节点的缓存空间来换取良好的网络性能。

近几年，越来越多的研究人员开始关注基于内容分发共享的 P2P 网络技术，据不完全统计，目前每秒有将近 100 万分钟的视频流量通过网络，占比将达到整个网络流量的 62%[3]。视频内容、音频等流媒体类业务将在未来网络发展中占有越来越大的比重。P2P 网络技术依赖网络中参与者的计算能力与带宽，并不是把依赖聚集到较少的某几台服务器上，实现网络中央服务器的负载均衡。但是，P2P 网络在可扩展性方面也存在一定的局限性，主要原因是其过多地依赖为特定应用服务提供专有的数据处理，且其自身的控制层与数据层之间存在一定的耦合性。

传统的基于端点寻址的 TCP/IP 网络体系结构，在数据包交换、拥塞控制、地址资源、安全性等方面都存在一定的缺陷。上述几种观点在一定程度上对内容的分发与共享起到了缓解作用，但是其根本的传输模式依旧采用基于 TCP/IP 的传统网络模式，由于基础设施建设的成本代价，中央控制导致统一管理的复杂度增加，数据的安全性保障和数据共享之间的难题等都源于 TCP/IP 网络从根本上无法克服其自身固有的缺陷。

以 IP 为中心的互联网关注的是内容的位置而不是内容本身的含义，同时，由于其缓存特有的封闭性，网络中所有的内容都存储在源服务器中，使得对任何内容的请求都需要源服务器完成响应，这样不仅导致整个网络的效率不高，同时也造成了巨大的带宽浪费。因此，迫切需要对当前的网络体系结构进行改进，或者提出一种全新的网络体系结构[4]。基于此，国内外学者提出了以信息为中心的新一代网络体系结构，即信息中心网络（ICN），而内容中心网络（CCN）作为信息中心网络（ICN）的一个研究分支，被认为是未来最有发展前景的网络体系结构。

IP 网络的设计初衷是为了实现资源共享，采用的是以主机为中心的端到端的通信模型[5]。而随着时代的发展与技术的进步，计算机的硬件资源已经不再匮乏，同时变得非常廉价，所以互联网的任务已经发生了翻天覆地的变化。虽然还是资源的共享，但是已经由硬件资源的共享过渡为内容资源的共享，即内容的传播；同时，互联网用户的关注方向已经发生了变化，他们不再关注内容存储在哪里，而是更多地将注意力集中于内容本身，即内容是什么。

然而，由于 CCN 缓存固有的透明化、泛在化以及细粒度化等特性[6]，使得传统的缓存理论及方法等均无法直接应用在 CCN 的缓存系统中。但是，随着对 CCN 的深入研究，许多研究人员在 CCN 缓存理论、模型及方法等方面都有了创造性的研究成果。

4.1.2 内容缓存技术的特征

区别于传统的基于 TCP/IP 网络体系结构之上的 Web、CDN、P2P 等缓存系统，内容中心网络中的网内缓存（In-Networking Caching）技术是一大特色，CCN 将缓存从理论模型到技术方法进行了重大改变，可以方便地对网内缓存进行复用，提升网络缓存的利用率。同时，CCN 网络缓存也具有新的特性，主要表现为缓存泛在化、缓存透明化、缓存细粒度化及缓存处理线速化。

1．缓存泛在化

泛在即普适，在 TCP/IP 网络中，路由节点对内容只转发而不存储，中间节点对于缓存并没有具体的意义，若用户需要重复的内容，就必须从源服务器中再次请求以获取，通过传输协议来确定通信。对于内容中心网络，缓存建立在传输层，且内容中心网络的默认缓存模式为处处缓存，这种统一的缓存模式增加了缓存的普适性，满足了缓存的泛在化要求。

2．缓存透明化

在内容中心网络的架构设计中，将现有的传输协议糅合到应用程序、封装好的程序库，以及转发平台的策略组件中，并单独设计传输层，从而对上层的包容性更强，网络设计开发更加简单方便。对于传统的缓存技术，其适用特定的应用场景，且业务类型单一，具有数据冗余及开销昂贵的缺点。

内容中心网络以内容名字作为全局唯一标识，在数据传输时，这种唯一性可以确保传输的稳定性与持久性。数据对底层结构完全透明，可以在网络中的任意节点缓存，在保证可用性和可扩展性的同时促进网络缓存数据的复用性，从而提高网络的缓存性能，降低用户的请求时延。同时，内容名字中也包含了内容提供商的私钥哈希值，从而保证了内容的安全性和完整性。这种内容命名机制使得对应的上层应用具有丰富的可定制性及适应性，并且通过分离网络缓存与上层应用，使未来网络变得更加安全、开放和透明。

3．缓存细粒度化

传统的 TCP/IP 网络体系结构主要以文件或文件片段为最小的缓存和替换单位，且存储于本地硬盘，这种方式很难满足复杂的网络环境和内容量巨大的 CCN 网络开销。CCN 网络体系结构中要求能够线速执行[7][8]，且利用更小的、可标识化的 chunk 块[9,10]来替代网络缓存的最小单元，更精细化地对缓存内容进行划分，使节点缓存空间得到更加有效的利用。

在传统的网络体系结构中，IP 层对数据包进行分片，使得分片后的数据能够通过最大传输单元（Maximum Transmission Unit，MTU）。对于 CCN 网络，chunk 块作为最小的数据单元，可以缓存于任意网内节点上，原始内容对象在源服务器处进行拆分，然后下行传输，在请求端接收 chunk 块后进行重组。因此，针对 CCN 的缓存策略与安全校验机制是未来的研究方向之一，同时也为减轻网络链路负载及内容的可寻址与可识别创造了新的机遇。

（1）内容流行度的变化。组成文件的多个 chunk 块在网络中被访问的频率不一样，网内节点上的内容对象被用户请求的概率也不一样，网络中内容对象的细粒度划分将使得内容流行度的计算更加准确。传统网络中 Web 对象的流行度服从 Zipf 分布[11]，P2P 对象的流行度服从 Mandelbrot-Zipf 分布[12]，因此，针对 chunk 级别的访问流行度是 CCN 网络的研究重点。

（2）参考模型的不足。传统网络体系结构中的缓存模型一般均假设其服从独立参考模型（Independent Reference Model，IRM）[13]，决定内容对象是否被请求仅仅从流行度方面考虑，并没有考虑不同内容之间的关系。然而，对于 CCN 网络，以更细粒度的 chunk 块作为最小的内容对象，块与块之间关系紧密，使得传统的许多缓存策略已不再服从独立参考模型，因此需要设计一种更加合理的参考模型。

（3）缓存方式的变革。目前，互联网的缓存方式主要是将整个文件或文件片段存储在某个核心节点上，当用户请求时，从该节点全部传输，随着网络用户请求数量的增加，该方式势必会导致链路拥堵及核心节点负载过重。在 CCN 网络中，更细粒度化的缓存对象划分，每个 chunk 块能够根据需求选择缓存在网络中的任意节点，用户可以从节点获取任意的数据块，而不必获取完整的文件片段，减少了链路拥堵及核心节点负载。并且，随着用户的请求增多及 CCN 下行数据的不断转发，内容将会更加趋向于存储在靠近用户端的节点上，缩短了内容获取时延，提升了传输效率。

4. 缓存处理线速化

内容中心网络对缓存处理提出了线速执行的新要求。在传统的互联网中，采用硬盘式的存储方法，其处理性能优越与否完全取决于管理者对该模式的运维与管理能力。而在内容中心网络中，缓存性能的好坏直接影响到网络的整体性能，不同于传统的硬盘类网络缓存方式[14]，CCN 网络中内容请求和数据缓存直接建立在传输层，有效地节省了带宽资源，提升内容共享效率。传统网络响应数据包经过路由转发、源地址、目的地址，从而确定一条唯一的路径，节点获取数据包后直接转发而自身并不存储数据，路径存在不对称性。内容中心网络内置多路径转发的属性，同时兼顾传输效率和网络拥塞情况，优先选择转发端口，实现拥塞控制。数据包沿"逆路径"的转发方式可以进一步平衡网络流量。综上所述，CCN 网络能够在网络拓扑动态变化与不可预测的情况下，较大限度地提升传输与共享效率，达到线速化要求。

4.1.3 内容缓存技术面临的问题

在 CCN 网络中，缓存既是基础也是核心技术，使得内容缓存成为每个 CCN 网络节点的固有属性，即每个 CCN 节点都具有对内容进行缓存的能力，使得 CCN 不再仅作为一种简单的传输媒介，而是表现为"内容仓库"。缓存机制使网络内容遍布于整个 CCN 网络，因此内容中心网络可以实现高效、可靠的内容分发。内置缓存是 CCN 网络的"基石"，其性能优劣对于优化内容分发、支持内容中心特性、提升网络整体性能有着十分重要的意义。

对 CCN 缓存机制的研究目的在于优化网络并提升网络性能。然而，基于对现有机制的分析，缓存方面仍然存在许多不足，针对 CCN 网络缓存性能提升方面存在的问题主要包括 5 个方面：节点缓存空间分配、请求内容的缓存决策、节点暂态缓存利用、差异化缓存和内容分发，以及隐私泄露。

1. 节点缓存空间分配问题

节点缓存空间的大小直接影响整个缓存系统的性能。因此，给每个节点分配合理的缓存空间，对于优化缓存系统性能是非常重要的。Psaras[14]等提出，为边缘节点分配更多的缓存可有效提升网络性能。文献[15]中设计出一种基于缓存迁移的协作缓存机制，主要考虑节点的中心性来缓存节点，以保证内容尽可能缓存在位置更重要的节点；同时，在缓存压力过大时，选择合适的邻居节点进行缓存内容的转移。文献[16]中作者提出了一种基于流量类型的多样化内容分发机制，该机制根据不同的流量类型特征，设计了不同的数据分发模式，从而提出了相匹配的缓存策略。文献[17]中作者提出了一种 CCN 网络的缓存分层内容放置策略，构建了 CCN 网络的分层缓存模型，通过对节点自带缓存空间大小和功能的分层配置，把不同流行度内容放置在不同层 CCN 节点上，提高不同层 CCN 节点的资源分配效率，从而使整体 CCN 网络缓存性能最优。

内容中心网络具有的细粒度化、普遍缓存的特性,是提升网络性能、减少用户请求时延的关键点。但是,有限的节点缓存空间,必然导致节点缓存替换率增加,从而节点缓存多样性势必下降。现有的针对内容中心网络缓存策略、路由机制、安全防御等方向的研究都是基于同质化缓存分配的[18,19],即在给定的网络缓存资源、节点中 CS 大小一致,chunk 块大小相同,且均匀分配。但是,在现有的 CCN 网络环境下,以上各项条件均难以满足。如果盲目选择默认同质化的缓存空间分配,将导致 CCN 网络中某些重要的节点上缓存空间分配不足,缓存内容替换频繁,多样性缺乏,从而不能达到缓存优化配置和资源的高效利用。

在传统网络架构基础上,将网络资源的分配方案建模为多目标线性规划问题[20,21],即在给定的网络架构下,预先通过计算、分析来确定少量的网络节点或内容服务器的最佳位置和分配空间的大小。但是,对于 CCN 网络普遍缓存及动态拓扑结构的特性,这样静态的多目标线性规划方法并不适用。图 4-1 所示为基于同质化和异质化的缓存分配的对比。

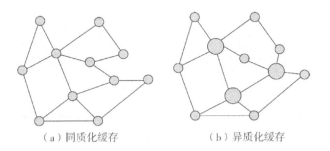

(a) 同质化缓存　　　　(b) 异质化缓存

图 4-1　基于同质化和异质化的缓存分配的对比

通过分析不同网络拓扑结构下的中心度量参数,对比异质化缓存与同质化缓存的网络性能,可以发现节点缓存空间的大小正比于图 4-1 中绘制的节点大小,根据异质化缓存分配随网络动态变化的特点,CCN 网络能够依据用户请求实现普遍缓存，从而更加适应网络发展及节点的动态变化。

综上所述，缓存内容同质化及静态配置缓存的方式并不能很好地解决 CCN 缓存空间配置的问题，如何有效且合理地分配缓存空间，以提升缓存性能，依旧是需要研究人员去探讨的一个问题。

2．请求内容的缓存决策问题

域内缓存作为 CCN 网络的重要组成部分，其性能的优劣直接影响 CCN 网络的整体性能。CCN 网络总的缓存空间及每个路由器的缓存空间是有限的，因此选择有效的域内缓存决策策略，将内容放置于合适的位置，在有限的空间中缓存多样化的内容，使网络资源得到更合理的利用，可以增加缓存内容的多样性、提高缓存命中率。

目前，在域内缓存方面，国内外学者已经有了一些创造性的研究成果。文献[22]中作者提出的 TERC（Techniques for En-Route Web Caching）策略是 CCN 默认的决策策略，其将用户请求的内容缓存到内容所经过的每个节点中，缺点是造成了大量的缓存内容冗余。同时，由于 CCN 路由器的缓存空间有限，导致网络中缓存内容多样性较低，此外，TERC 策略也没有考虑内容访问量。文献[23]中作者提出 ProbC（Probabilistic Caching）策略，将用户所请求的内容尽量缓存到离用户较近的节点中，进而降低用户的请求时延，但是该策略同样没有考虑内容的访问量等因素，而是一味地将内容缓存至网络边缘的位置，加大了网络边缘位置的竞争。MPC（Most Popularity Caching）策略[24]的主要思想是将用户访问较多的内容尽可能多地备份在 CCN 网络中，但是 MPC 策略仅缓存用户访问量高的内容，导致网络内容的多样性不高。文献[25]中作者提出 CC-CCN（Cache Capacity-aware Contect Cache Networks）策略，将内容缓存到路径上剩余缓存空间最大的节点上，并没有考虑内容的访问量，此外，也没有将内容备份到网络边缘的位置。

CCN 默认执行的缓存策略为处处缓存（Cache Everything Everywhere，CEE），即内容数据包在响应用户请求的过程中，遇到一个节点就对内容进行缓存，泛滥式的缓存方式在同质化的缓存空间的基础上，使得每个节点的大小、内容都趋于相同。同时，大量的冗余加快了缓存内容的替换速率，缓存多样化下降。为提高缓存性能，减少缓存冗余，目前已提出大量的缓存决策策略，如 LCD、MCD、Prob、ProbCache 等，但是这些方案未能充分考虑 CCN 网络缓存特性，仅从单一的方面入手考虑问题不足，使得缓存性能不高。

因此，CCN 默认缓存、泛滥式的缓存方式必然会带来巨大的冗余代价，以及可能遇到链路拥塞问题。因此，如何制定一套适合 CCN 网络的缓存决策策略，以有效地利用缓存空间，在降低链路拥塞的同时可以最大化存储效率，是实现内容优化存储的关键。

3．节点暂态缓存利用问题

在内容中心网络中，如何在合理的开销代价下，增大节点的临时缓存内容的可用性，是使缓存内容可以得到有效利用的关键，但是，CCN 网络节点中缓存内容的不确定性，以及缓存副本可以缓存在任意的网内节点，将造成临时缓存的通告范围及 FIB 表的可扩展问题难以解决。因此，在现有 CCN 网络中，只是针对固定、已知的内容源服务器建立路由表项，以减少开销。主要表现为：①缓存节点中的内容缓存副本，只是局限于响应请求和目标存储节点，未能充分发挥其扩展性；②兴趣包请求过程中只实现了对沿途传输路径上内容副本的匹配，却未能充分利用路径之外节点上的缓存资源。如图 4-2 所示，节点 A 收到来自用户关于内容 M 的请求，然而本地缓存却无法匹配，此时，节点 A 将根据 FIB 表查找并转发兴趣请求到内容源服务器。但是，这种盲目的转发策略将无法有效利用周边路径上已存在的暂态缓存。若此时在节点 A 周边的节点 B 上恰好存在可以响应请求的内容副本，节点 A 收到的兴趣请求依旧会沿着最短路径向内容源服务器转发，这样的请求转发策略势必会增加用户的请求时延,造成网络资源浪费。

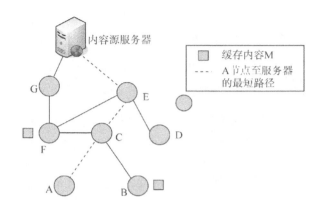

图 4-2　CCN 网络默认的路由路径

在内容中心网络中,节点暂态缓存内容的利用将面临以下问题。

(1)节点暂态缓存内容的可用范围问题,设定为只能在沿途路径使用,还是在某个局域范围内使用,或者针对全网使用。

(2)如何将暂态缓存内容安放到最合理的位置上,在实现减小开销和提高缓存可用性的基础上,实现缓存资源的合理利用。

4. 差异化缓存和内容分发问题

内容中心网络中采用默认内容缓存,以内容名字作为路由与缓存的基础,上行兴趣请求转发过程,每经过一个节点,若请求内容无法在本地 CS 中匹配,将按照 FIB 表向潜在的匹配节点转发兴趣包,若中间节点都未匹配缓存内容,则直至兴趣请求包到达内容源服务器。获取到内容数据包后,沿"逆路径"进行转发,无须采用其他任何路由机制,途经所有节点执行处处缓存策略。在整个"兴趣请求-数据响应"的过程中,用户驱动网络内容分发,这样的模式缺乏应对多业务异类平台转发和缓存策略的灵活性。针对个性化较为明显的用户而言,处处缓存将使得内容的共享程度降低,同样也会浪费中间节点的缓存空间。针对实时业务，请求和响应之间的逐跳转发会导致时延过大，从而无法保证服务质量。如图 4-3 所示，当用户请求不同业务时，则体现为对应的网络流量需求的不同。因此，针对不同的业务和应用平台，为提升用户服务质量，减少时延，实现内容的高效分发，CCN 网络应以通信流量为基础，将业务划分为不同的流量对象，从而提供差异化的优先级服务，解决差异化缓存和内容分发问题。

图 4-3　不同业务和应用平台的流量

因此，针对不同用户请求业务的流量需求差异，如何根据不同流量对象的请求特征设计与之适应的优先级服务，充分实现对不同业务类型和应用平台的合理分配，从而实现差异化的内容缓存与分析。

5．隐私泄露问题

缓存技术是计算机领域中一种非常重要的设计，既能提高信息交换性能，又以廉价的空间代价换取稀缺的时间，但是命中率为 0 的缓存是没用的。另外，网络内缓存还可以提高整个网络带宽的利用率，并大大减小网络节点故障对用户的影响。CCN 的缓存机制对用户隐私的影响主要有两个方面：一是请求者的信息检索隐私，攻击者通过测量请求数据的响应时间，便可以判定一条信息是否被缓存在一个节点，从而得知相邻用户是否访问了该信息；二是内容本身的隐私，攻击者只要知道一个数据的名字，便可获得相应的信息。

内容中心网络泛在化的缓存方式有效地缩短了网络用户的请求时延，减少了网络流量的消耗，但是，内容的泛在化存储在有效提高网络用户请求效率、降低请求访问时延的同时，也增大了用户隐私泄露的风险，给用户的隐私安全带来了严重的威胁。

文献[26]中作者提出了 Cache Snooping 攻击，攻击者和受害者连接在同一个缓存中。攻击者可以获取缓存的所有内容，监控缓存对象的访问，复制其他通信会话。通过测量注定在缓存中的被访问内容和注定不在缓存中的被访问内容的响应时间，攻击者可以确定一个内容是否在缓存中。除了这种方法，利用 CCN 的前缀匹配和 Interest 的排他域，一个攻击者可以在事先不知道内容名字的前提下，获取一个缓存中的所有内容。如果一个攻击者事先了解了会话的后续数据项目，攻击者可以获取这些内容并重建整个会话。即使整个内容已经被加密，攻击者依然可能通过不安全的旁路信道找到有价值的信息。另外，缓存机制对用户发布隐私也有很大的威胁，而且一旦内容被发布，发布的内容便不再由发布者控制。

因此，如何设计既能够提高内容分发效率，同时又考虑用户隐私安全的高效方案，是研究人员一直关注的重要问题，也是未来研究高效内容分发不可忽视的关键问题。

4.2　内容中心网络缓存决策

缓存决策策略是指哪些对象应在缓存系统的哪些节点进行缓存的决策算法，具体包括返回内容在哪个节点缓存，节点要存什么内容，内容在节点如何缓存。依据节点之间协同的复杂性，一般将现有方案分为显式协同和隐式协同。在 CCN 中，缓存节点不固定，缓存的流量类型多样化，而且缓存的操作要求线速化。

4.2.1 缓存决策概述

CCN 网络默认的缓存决策策略是 LCE（Leave Copy Everywhere）策略，即在对象传输的沿途节点上均缓存该对象副本。为了减少系统的缓存冗余，在 LCE 策略的基础上，研究人员提出了 LCD、MCD 及 Prob 策略。最近还提出了几种新型的隐式缓存协同决策策略。文献[27]中作者提出了基于年龄的协作缓存策略，当有新的内容到达时，节点将其副本缓存，并根据其到达服务器的距离、内容的流行度等因素在数据报中为该内容添加一个年龄值。此方案可以将内容存储到网络边缘，减少节点不必要的存储，减轻服务器的负载。文献[28]中作者提出了基于节点介数和替换率的网内缓存策略，通过权衡节点位置重要性与缓存内容时效性实现回传内容的最佳位置。该方案具有较低的源端请求负载和更少的平均跳数。文献[29]中作者提出了基于内容流行度和节点中心匹配的缓存策略，通过对经过的内容进行选择性缓存来提高内容分发沿路节点的缓存空间使用效率，减少缓存冗余，增加了缓存内容的多样性。

基于 CCN 的宗旨，其缓存决策策略应该满足以下两个方面的要求。

（1）访问量（或流行度）高的内容应该缓存复制到离互联网用户较近（或网络边缘）的缓存节点中，降低用户的请求时延，提升用户使用体验。

（2）提高整个网络缓存系统的缓存内容的多样性，降低网络缓存内容的冗余度，提升网络的缓存命中率。

为了达到上述要求，降低用户请求时延，降低内容冗余度，提高缓存内容的多样性，需要网络节点之间能够进行简单且有效的合作缓存机制。根据合作程度的不同，可以将合作机制大致分为两大类：显式合作机制与隐式合作机制。

1. 显式合作机制

当有内容需要缓存时，显式合作机制要求节点与其周围一定范围内的缓存节点交换彼此的缓存状态信息[30]，从而在此范围内找到最合适的节点缓存该内容。因此，显式合作机制往往伴随着巨大的网络通信开销。以下是一些具有代表性的显式合作策略。

（1）BCVC（Based Capacity Value Caching）。BCVC 以节点的缓存容量（Cache Capacity Value，CCV）作为选择内容缓存节点的决定性因素[31]，每个缓存节点的 CCV 代表了节点内容存储（CS）中的剩余空间，即还能存储多少内容。同时，为了记录节点的 CCV，该算法在每个请求内容的兴趣包中都添加了 CCV 字段。当请求内容的一个兴趣包被路由到某个缓存节点时，该节点首先查找其自身的内容存储 CS，如果在其 CS 中有兴趣包所请求的内容，该节点直接响应兴趣包的请求，并删除兴趣包，否则该节点将自身的 CCV 写入兴趣包的 CCV 字段，并继续转发该兴趣包。当兴趣包到达另一个缓存节点时，该节点同样先查询自身的 CS，如果没有兴趣包请求的内容，将自身的 CCV 与兴趣包中所携带的 CCV 进行比较，如果比其小，直接转发兴趣包，如果比其大，用自身的 CCV 替代兴趣包中原来的 CCV 并继续转发该兴趣包。当兴趣包到达存储有内容的 Sever 时，Sever 根据兴趣包中所携带的 CCV 选择内容的缓存节点。但是，BCVC 策略不仅没有考虑内容的流行度，也没有将内容快速地缓存备份到网络边缘的位置。

（2）CCBH（Cooperative Caching Based Hash）。在 CCBH 中，一个内容被分为 n 个大小相同的 chunk[32,33]，而且每个 chunk 都会携带一个标识，每个标识就是固定的小于 n 的自然数（0,1,2,⋯,n-1）。同时，每个缓存节点及其邻域内的 k 个节点都会有一个编号，分别是 0,1,2,⋯,k-1。当一个 chunk 到达一个缓存节点时，该节点会通过一个 Hash 算法决定由其自身还是其邻域

内 k-1 个节点中的某个节点缓存该 chunk。具体而言，假设一个 chunk 的标识为 x，那么该 chunk 就应该被缓存备份到编号为 $i = x \bmod k\,(0 \leqslant i \leqslant k)$ 的节点，如图 4-4 所示。

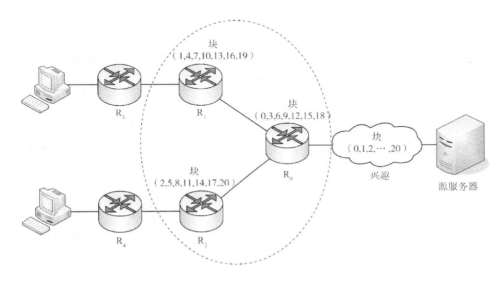

图 4-4　CCBH 策略

CCBH 策略可以避免同一个 chunk 在邻域内被重复缓存，而且同一个节点不会缓存同一个内容的所有 chunk，提高了网络缓存内容的多样性。但是，因为 CCBH 事先对节点进行了标记，当其中的某个节点被移除或失效时，CCBH 将无法达到预期目标。同时，CCBH 并没有将内容缓存备份到网络的边缘节点。

2．隐式合作机制

与显式合作机制相比，隐式合作机制不需要如此巨大的网络开销，因为隐式合作机制不需要缓存节点之间互通状态信息。以下是几种具有代表性的隐式合作策略。

（1）LCE（Leave Copy Everywhere）。LCE 也称为处处缓存，是 CCN 默

认的缓存决策策略。该策略的基本思想为：当缓存命中时，在命中节点将用户请求的内容发给内容请求者的传输路径中，沿途的所有缓存节点都将该内容缓存下来。

LCE 策略的优势在于可以提高整个网络的缓存命中率，但是会造成巨大的缓存内容冗余，即会在很多节点中存储有相同内容的副本，使得整个 CCN 网络的缓存内容的多样性不高，而且没有考虑内容的流行度等因素。

（2）LCD（Leave Copy Down）。当缓存命中时，仅在命中节点下一跳路由器节点对请求的内容进行缓存，但是不会删除该请求内容在命中节点中的缓存副本。

与 LCE 策略相比，LCD 策略避免了对同一内容的大量复制，整个 CCN 网络的缓存内容的多样性有所提高，同时，如果对同一内容的访问量较多，该内容将被复制到靠近用户的地方，这潜在地考虑了内容的流行度。这种策略将会在一定程度上降低缓存命中率，另外，如果时间过长，同样会造成巨大的内容冗余。

（3）FixP（Fixed-Probabilistic Caching）。当缓存命中时，在命中节点将用户所请求的内容发送给用户的传输路径中[34]，沿途上的每个路由器节点都将以概率 p 缓存该内容，而以概率 $1-p$ 不缓存该内容。

FixP 策略根据整个网络的缓存情况调整概率 p，其可以被认为是普适化的 LCE，即当缓存概率 $p=1$ 时，为 LCE。并且，该策略没有考虑内容的流行度等因素。

（4）ProbCache（Probabilistic Caching）。当缓存命中时，在命中节点将用户请求的内容发送给内容请求者的返回路径中，沿途上每个路由器节点缓存该内容的可能性（概率 p）与其和内容请求者之间的距离成反比。通俗地讲，就是一个缓存节点离互联网用户越近，该节点能够缓存用户所请求内容的可能性越大。

ProbCache 策略的宗旨就是将内容尽可能地缓存到离用户较近的边缘节点中，达到降低用户下载内容的平均时延、提高网络资源利用率的目的。但是，ProbCache 策略并没有考虑内容的访问量等因素，而是一味地将内容尽可能地缓存到离用户较近的路由器节点中，加大了边缘节点的竞争。

（5）MPC（Most Popularity Caching）。MPC 是基于内容流行度的缓存策略，其核心思想为：在每个缓存节点中都有一个流行度表 PT（Popularity Table），当用户请求一个内容时，沿途的缓存节点将内容名字及访问量成对地记录下来，当一个内容的流行度达到所设定的流行度阈值之后，持有该内容缓存备份的节点向其周围的邻居节点（hop=1）发送一条信息，通知其周围的邻居节点缓存该内容，并在收到所有邻居节点已经缓存该内容的反馈信息之后，持有内容备份的节点重置该内容的流行度以避免重复缓存，如图 4-5 所示（假设流行度阈值等于 3）。

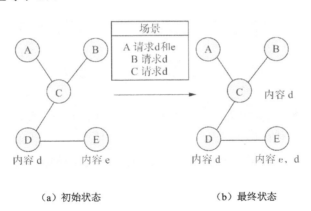

(a) 初始状态　　　　　　　　(b) 最终状态

图 4-5　MPC 策略

MPC 策略的宗旨是尽量多地备份流行度高的内容，这使得用户平均下载时延有了一定程度的降低。然而，正是由于仅缓存流行度高的内容，而其他的内容并不会得到缓存，使得整个网络资源没有得到充分利用，致使整个网络系统缓存内容的多样性不高,同时造成缓存命中率的下降。

(6) PCBC (Popularity and Centricity Based Caching)。PCBC 策略提出了"中心度"的概念[35],并将节点的中心度作为选择缓存内容节点的决定性因素。中心度用来衡量一个网络节点的"中心程度",也就是该节点在通信链路中的重要性。对于一个网络节点来说,与其相关联的通信链路越多,该节点的中心度越高。该缓存策略的基本思想为:将流行度高的内容缓存到中心度较高的缓存节点中。因为中心度越高的节点,越靠近网络边缘,如图 4-6 所示。

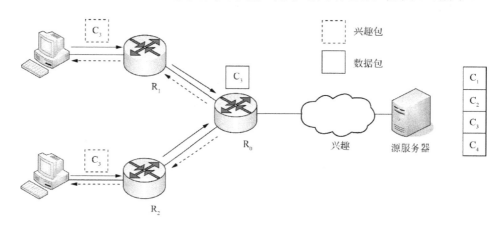

图 4-6　PCBC 策略

PCBC 策略可以将流行度较高的内容缓存到离用户较近的边缘节点。达到降低用户下载内容的平均时延,提升用户使用体验的目的。但是,PCBC 策略仅将中心度高的节点作为内容的缓存节点,而其他节点并不缓存任何内容,这样不仅会造成网络资源的大量浪费,同时 PCBC 策略并没有考虑突发流量的情况,当突发流量到来时,将加大内容缓存节点的通信负载,降低服务质量。

4.2.2 基于势能的缓存决策策略（PECDS）

1．PECDS 概述

假设一个 CCN 网络由一个内容源服务器、I 个路由器节点和 K 个互联网用户组成。内容源服务器中存储了整个网络中的所有内容备份，且永久不会删除。此外，在内容源服务器中，每个内容数据的大小都相同，每个路由器节点都具有相同大小的缓存空间。

在 PECDS 中，研究团队成员考虑在数据包中加入用来标记内容势能等级的字段 PE_C。同时，根据路由器节点离互联网用户的跳数为路由器节点分配势能，互联网用户的势能最低，离用户的跳数越多，路由器节点的势能越高，直至最终的内容源服务器。此外，为了统计互联网用户的请求信息，在离互联网用户最近的第一跳路由器节点中添加了用户请求信息表（User Requests Information Table，URIT），URIT 能够根据其统计的用户请求信息及路径上路由器的数量为用户所访问的内容划分势能等级，访问量越多的内容对应的势能等级越低。

如果互联网用户需要请求内容，将发送一个兴趣包，当此兴趣包到达离用户的第一跳路由器节点时，首先位于该路由器节点的 URIT 记录兴趣包所请求的内容名字及其访问次数；然后该路由器节点查询内容存储 CS 中是否存在此兴趣包所请求的数据包。如果有，就直接响应兴趣包的请求并删除此兴趣包；如果没有，此兴趣包将被路由到该路径上的上游路由器节点或最终的内容源服务器，以满足其请求。

2．PECDS 工作原理

下面以图 4-7 所示的通信链路阐述 PECDS 的工作原理。图 4-7（a）所示的是该条通信链路的初始状态。可以看出，在此条通信链路中，存在 4 个互联网用户 U_1、U_2、U_3、U_4，3 个路由器节点 R_1、R_2、R_3，以及 1 个内容源服务器 CRS。其中，每个路由器节点拥有大小相同的缓存空间；用来统计用户请求信息的 URIT 存放于路由器节点 R_1 中，且 URIT 中的 CN、CPV 及 CPE 3 个字段均为空，而 RN 字段记录的是该条路径上路由器节点的个数；在内容源服务器中存有 4 个大小相同的内容 C_1、C_2、C_3、C_4。

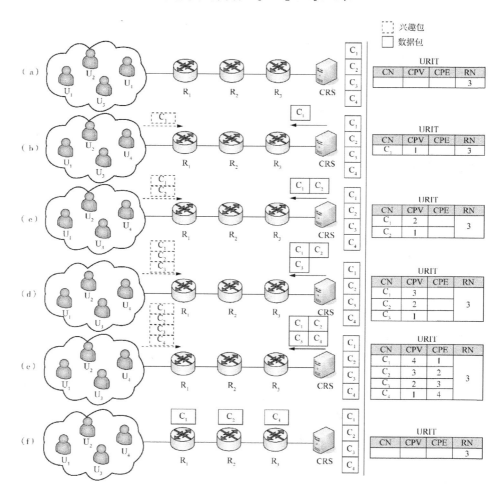

图 4-7　PECDS 工作原理

在图 4-7（b）中，用户 U_1 请求内容 C_1，首先发送请求内容 C_1 的兴趣包，

当兴趣包到达 R_1 时,位于其中的 URIT 会记录兴趣包所请求的内容名字及其访问次数,由于 R_1 中没有内容 C_1 的缓存备份,因此此兴趣包将被转发。同时,该路径上的所有路由器节点中都没有此兴趣包所请求内容的缓存备份,所以最终由内容源服务器响应该兴趣包的请求。

接下来,在图 4-7(c)、(d)、(e) 中,用户 U_2 请求内容 C_1 和 C_2,用户 U_3 请求内容 C_1、C_2 和 C_3,用户 U_4 请求内容 C_1、C_2、C_3 和 C_4。与图 4-7(a) 中用户 U_1 请求内容 C_1 的情况类似,由于在沿途的路由器节点中都没有其所请求的内容备份,因此用户 U_2、U_3、U_4 所发出的兴趣包都会被路由到最终的内容源服务器中,以满足其请求。但是,位于 R_1 中的 URIT 会记录用户所请求内容的名字及其被访问的次数。

经过上述过程,URIT 的状态如图 4-7(e) 所示,存储于内容源服务器中的内容 C_1、C_2、C_3、C_4 被遍历访问。假设内容 C_1 的访问量已经达到了内容访问量阈值,接下来,便会根据 URIT 中的 CPV 字段对其中的条目进行排序,排名由高到低是 C_1、C_2、C_3、C_4。根据前面所述,内容势能被划分为 3 个等级,且每个等级中都有一个内容。同时,内容的势能等级被写入包含该内容的数据包的 PE_C 字段中。接下来,PECDS 根据 PE_C 字段将该数据包缓存至与之相匹配的路由器节点中。

图 4-7(f) 所示的是该条通信链路的最终状态。其中,C_1、C_2、C_3 分别被缓存到 R_1、R_2、R_3 中,由于用户对内容 C_4 的访问量最少,因此 C_4 在任何路由器节点中都没有备份。同时,为了避免"缓存污染",数据包中的 PE_C 字段、URIT 中的 CN、CPV 及 CPE 字段被全部清空,即保证那些在近期访问量较多的内容能够在较短的时间内获得较低的势能,而不被近期访问量较少的内容所影响。

接下来,如图 4-8 所示,用户 U_1 发出两个兴趣包分别请求内容 C_1 与 C_4,当请求内容 C_1 的兴趣包到达缓存路由器 R_1 时,位于 R_1 中的 URIT 记录此兴趣包所请求内容的名字及其访问次数，然后 R_1 查询其自身的内容存储 CS，发现在 CS 中存在 C_1 的备份，从 R_1 直接将包含内容 C_1 的数据包发送给用户 U_1 并舍弃请求 C_1 的兴趣包。与此同时，当请求 C_4 的兴趣包到达 R_1 时，位于 R_1 中的 URIT 同样记录其所请求的内容名字及其访问次数，如前所述，在节点 R_1、R_2、R_3 中都没有 C_4 的缓存备份，所以请求 C_4 的兴趣包将被路由到最终的内容源服务器中，以满足其请求。

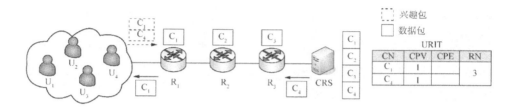

图 4-8　请求 C_1 与 C_4

通过图 4-7 及图 4-8 所示的例子可以了解到，内容所处的路由器节点的势能与其内容势能相对应，势能等级低（或访问量多）的内容被缓存备份到势能低（或接近互联网用户）的路由器节点中。同时，仅位于离互联网用户最近的路由器节点的 URIT 记录用户请求的内容名字及其访问次数，并根据内容的访问量，以及在互联网用户与内容源服务器之间路由器的数量划分内容的势能等级，进而决定内容的缓存位置，在提高整个网络缓存效率的同时避免了不必要的网络开销。

3．算法描述

为了更进一步理解 PECDS 缓存决策策略的实现过程，下面给出初始化（见表 4-1）、节点兴趣包（见表 4-2）及数据包（见表 4-3）处理过程的伪代码。

第 4 章 内容中心网络缓存机制研究

表 4-1 初始化处理过程伪代码

伪代码 1
初始化
PE_C = NULL
PE_C=NULL
CPE=NULL
CPV=NULL
CN=NULL
RN 表示路由的个数
根据 RN 设置 PE_R
结束

表 4-2 兴趣包处理过程伪代码

伪代码 2
对每一个兴趣包
用户发送兴趣
URIT 记录兴趣的信息，如 CN、CPV
if 数据在缓存中
发送数据并且删除兴趣
elseif 兴趣在 PIT 表中
PIT 记录端口
else
PIT 记录兴趣（名字，端口）
通过 FIB 发送兴趣
发送数据
结束

表 4-3 数据包处理过程伪代码

伪代码 3
For (CPV >= T)
根据 RN 和 CPV 设置 CPE
PE_C=CPE
for（每一个路由器）
if PE_C==PE_R

续表

缓存数据
PE_C=NULL
CPE=NULL
CPV=NULL
CN=NULL
结束

4. PECDS 特性描述

前面详述了 PECDS 的工作原理，下面将介绍内容势能等级与节点势能的判断方法、URIT 表，并通过例子阐述如何利用 URIT 表对内容进行分级缓存。

（1）势能等级判断。在物理学中，若将地面视为 0 势能面，则一个物体的重力势能主要取决于其本身的质量 m、距离地面的垂直高度 h，以及当地的重力加速度 g。同时，根据距离地面的垂直高度，可将平面划分为势能等级不同的势能面。

在研究团队所提出的 PECDS 策略中，引用"势能"的概念，为内容及网络拓扑中的节点赋予势能。下面以图 4-9 所示的通信链路为例，分别介绍内容势能等级与节点势能的判断方法。

图 4-9　势能等级判断

① 内容势能等级。内容势能等级主要取决于内容访问量，以及互联网用户与内容源服务器之间路由器节点的数目两方面的因素。假设位于路由器 R_1 的 URIT 中共有 X 个内容，并且已经按照其访问量的高低排序。在互联网用户与内容源服务器之间存在 Y 个路由器，则可将 URIT 中的 X 个内容的势能划分为 Y 个等级，其中，有 Z 个内容的势能等级相同。Z 可由式（4-1）得出

$$Z=[X/Y] \tag{4-1}$$

② 节点势能。在 PECDS 策略中，将网络拓扑中所有用户节点所构成的用户层视为"0 势能面"，则每个"路由器平面"由所有离 0 势能面"垂直高度"相同的路由器节点所构成。这里的"垂直高度"指的是路由器节点离用户节点的跳数。

如同本小节开头所述，一个物体的势能由其本身的质量 m、距离地面的垂直高度 h，以及当地的重力加速度 g 所决定。在图 4-9 所示的链路中，假设每个路由器节点具有相同大小的缓存空间，并且每段链路的材质都相同，那么每个路由器节点的势能仅取决于其距离用户节点的"垂直高度"，路由器节点的势能将随着离用户节点跳数的增加而递增。如前所述，用户节点的势能为 0，则 R_1 的势能为 1，R_2 的势能为 2，依此类推，R_Y 的势能为 Y，最终的源服务器 CRS 的势能为 $Y+1$。

（2）URIT 表。URIT 仅位于每个离用户第一跳位置的路由器节点中，而不会在其他路由器节点中生成，以节省路由器节点的缓存空间。URIT 的形式如图 4-7 所示，其包含内容名字（Content Name，CN）、内容访问量（Content Page View，CPV）、内容势能（Content Potential Energy，CPE）及路由器节点数量（Router Number，RN）4 个字段。其中，内容名字 CN 是内容的全网唯一标识；内容访问量 CPV 字段所记录的是一段时间内用户对内容的访问量，这里的"一段时间"可以是一个星期，也可以是一天或更短，并会根据用户对内容的访问量进行调整，同时整个 URIT 会根据内容访问量 CPV 字段进行排序；路由器节点数量 RN 字段所记录的是该条路径上用户节点与内容源服务器之间路由器节点的数量。

内容势能 CPE 字段是 URIT 中最重要的字段，其与路由器节点数量 RN 字段共同决定内容被缓存备份的位置。下面以图 4-10 为例说明如何利用 URIT 表实现内容的分级缓存。

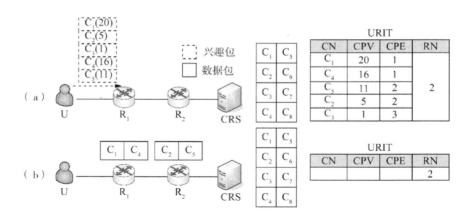

图 4-10 内容的分级缓存

从图 4-10（a）中可以看到，在内容源服务器中存储了 8 个内容，但是用户仅对其中的 C_1、C_2、C_3、C_4、C_5 进行了访问，并且对每个内容的访问量都不一样，假设 C_1 的访问量已经达到了内容访问量阈值。同时，该条路径上存在两个路由器节点 R_1、R_2，根据式（4-1），每个路由器节点中会缓存备份两个内容。所以，根据 URIT 中的 CPV 字段对其中的内容进行排序，同时，根据 RN 划分 URIT 中内容的势能等级，并将内容的势能等级写入包含此内容的数据包的 PE_C 字段中。接下来，PECDS 将数据包缓存至与其 PE_C 匹配的路由器节点中，则通信链路的最终状态如图 4-10（b）所示。其中，C_1、C_4 备份到 R_1 中，C_2、C_5 备份到 R_2 中，而 C_3 不会被备份到任何路由器节点中。同时，为了避免"缓存污染"，数据包中的 PE_C 字段、URIT 中的 CN、CPV 与 CPE 等字段将被清空。

5. 仿真分析

为了验证所提出的 PECDS 策略的性能，研究团队在 CCNSim 仿真平台实现了对 TERC、ProbC 及 PECDS 3 种策略的仿真，并通过缓存命中率（Cache Hit Ratio，CHR）、缓存内容多样性（Cache Content Diversity，CCD）及平均请求跳数（Average Request Hops，ARH）3 个性能参数对上述策略进行了对比和分析。

（1）仿真环境与参数配置。网络拓扑结构如图 4-11 所示，其中共有 12 个路由器节点，每个路由器节点都同时具有缓存及路由转发内容的能力，并且每个路由器节点拥有相同大小的缓存空间；每个客户端（或用户）都连接在一个路由器节点上；内容源服务器 CRS 位于该网络的中心，其中存有所有内容的备份，且永久不会删除。仿真中主要的参数及其含义如表 4-4 所示。

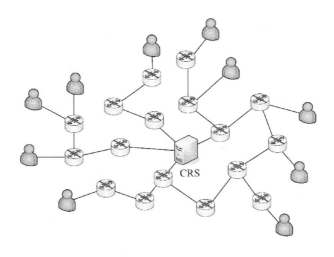

图 4-11　网络拓扑结构

表 4-4　仿真中主要的参数及其含义

参　数	含　义
N	内容源服务器中内容项的总数（个）
S	每个 chunk 的大小（MB）
C	路由器节点缓存空间的大小（MB）
p	ProbC 沿路缓存概率
α	Zipf 的参数
T	内容访问量阈值
RS	路由器节点缓存替换策略

假设内容源服务器 CRS 中共有 10 000 个内容，每个内容的大小都同为 1MB，并且一个内容由 1 个 chunk 组成，即 N=10 000，S=1；路由器节点的缓存空间 C 的取值如图 4-12 所示；策略 ProbC 的沿路缓存概率为 0.7，即 p=0.7；

网络中所有内容的流行度，即内容被访问的概率遵循参数$\partial=1$的Zipf分布（二八定律）[11]；路由器节点的缓存替换策略选择LRU策略；内容访问量阈值T是PECDS策略的专属参数，其值需要根据Zipf分布（二八定律）及网络中的内容总数进行设定，因此在这里设定内容访问量阈值$T=400$。

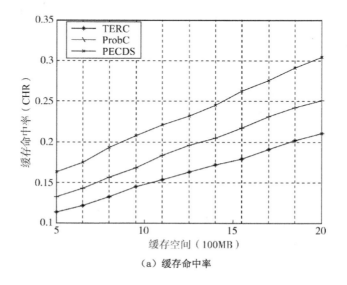

(a) 缓存命中率

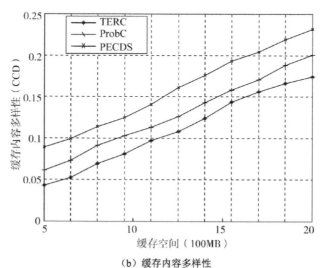

(b) 缓存内容多样性

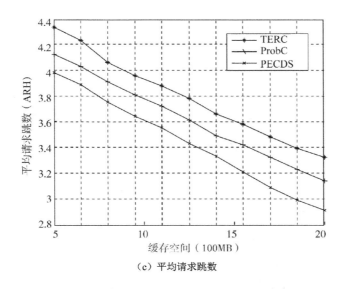

(c)平均请求跳数

图 4-12　缓存命中率、缓存内容多样性及平均请求跳数曲线

（2）仿真结果分析。在仿真的过程中，按照图 4-12 所示对路由器节点的缓存空间进行设置，考虑在缓存空间不同的情况下 TERC、ProbC 及 PECDS 3 种策略的缓存命中率 CRH、缓存内容多样性 CCD 与平均请求跳数 ARH 的仿真对比。在图 4-12（a）中，随着路由器节点缓存空间的增加，TERC、ProbC 及 PECDS 3 种策略的缓存命中率 CHR 都有所提高，同时也可以看到，在缓存空间为 2000MB 的情况下，PECDS 的 CHR 相比于 TERC 及 ProbC 分别提高了 44.1%和 21.1%。在图 4-12（b）中，随着路由器节点缓存空间的扩大，3 种策略在缓存内容多样性 CCD 方面都有所改善，但是，相比于 TERC 及 ProbC，PECDS 的 CCD 明显更具有优越性。例如，在缓存空间为 2000MB 时，PECDS 的 CCD 为 0.198，相比于 TERC 与 ProbC 分别增加了 53.5%和 23%。在图 4-12（c）中，3 种策略的平均请求跳数 ARH 随缓存空间的变化而变化，从图中可以发现，随着缓存空间的增加，3 种策略的 ARH 都呈现下降趋势，这说明 3 种策略都在一定程度上减少了用户的平均请求时延，但是，当缓存空间为 2000MB 时，PECDS 的 ARH 相比于 TERC 与 ProbC 分别减少了 0.41 跳和 0.23 跳，说明 PECDS 将更多的内容缓存至路由器节点中，有效减轻了内容源服务器 CRS 的负载压力。

接下来，对仿真结果进行简要分析。如前所述，TERC 即 LCE 策略，是内容中心网络 CCN 默认的缓存决策策略，其将用户请求的内容缓存至沿途的每个路由器中。这就使得沿途所有的路由器节点缓存的内容一样，造成整个网络的缓存内容多样性不高，进而导致缓存命中率低下，用户的大多数请求在最终的内容源服务器中才能得到响应，导致用户的请求跳数偏大。

在 ProbC 策略中，沿途的每个路由器会以不同的概率缓存用户所请求的内容，并且缓存概率与其离用户的距离成反比，即离用户越近，其缓存概率越大，使得沿途的路由器节点可以缓存不同的内容。相比于 LCE 策略，ProbC 策略在一定程度上提高了缓存内容的多样性，进而提高了缓存命中率，降低了用户的平均请求跳数。

本节所提出的 PECDS 策略引入"势能"这一物理学中的概念，为网络中的内容及节点赋予势能，同时根据网络状况设置了内容访问量阈值。当内容访问量达到该阈值时，根据匹配内容及路由器的势能，自适应地对内容进行缓存。相比于 TERC 策略及 ProbC 策略，提高了缓存内容多样性，同时也提高了缓存命中率，降低了用户的平均请求跳数。

4.2.3 基于节点情景度的缓存决策策略（CSNC）

1. CSNC 相关定义

由于各个节点处的情景度的值随着时间和周期实时变化，当数据包返回时，每经过一个路由节点都将发生缓存决策判断。只有在满足一定条件的节点处，内容副本才缓存。CSNC（Caching Strategy based on Node Context）缓存决策为有效地节省网络资源，提高节点缓存质量，综合考虑各种节点情景因子，提出利用用户喜好度、内容流行度及节点缓存度作为评判标准，并在此基础上提出节点情景度的概念。

节点情景度的相关指标（包括用户喜好度、内容流行度及节点缓存度）定义如下。

定义 4-1 用户喜好度（User Preference，UP）。区域内用户对节点中缓存内容的应需程度，一定时间内用户对某类内容的请求比。考虑整个网络拓扑结构，用户可以分为普通用户和节点用户（除了对象节点，与之直接或间接相连的其他用户）。这里首先需要利用聚类算法对用户请求进行简单聚类。统计时间段内容 ci 的用户喜好度为

$$\text{UP}_m = \frac{N_{ci}}{N_{all}} \tag{4-2}$$

式中，N_{ci} 为连接节点的用户对 m 类内容 ci 的请求数量；N_{all} 为连接节点的用户对所有内容的请求数量。分析可知，$0 \leq \text{UP}_m \leq 1$ 且正常范围内取值极小。

定义 4-2 内容流行度（Content Popularity，CP）。表征内容在域内网络的流行程度，在一定时间周期 T，包含用户对该内容的请求频率及对相似同类内容请求的频率。考虑用户对内容请求具有时变性的特点，网络节点内部各个文件的内容流行度是一直发生变化的，因为不同周期内的内容流行度不同，所以不能仅考虑单一的周期。为了能够较为准确地预测内容流行度，采用基于偏差修正的指数加权移动平均算法（EWMA）[36]，依据不同周期内容流行度和节点中内容命中率来计算当前周期的内容流行度。

$$P_{ci}(T) = (1 + \text{UP}_m)\frac{\text{CN}_{ci}}{\text{CN}_{all}} \tag{4-3}$$

式中，$P_{ci}(T)$ 为单个时间周期中内容的流行度；CN_{ci} 为统计时间段内本地收到内容 ci 的请求次数；CN_{all} 为统计时间段内收到的总的请求次数。

$$\text{CP}_{ci}(T) = \frac{\beta \times P_{ci}(T-1) + (1-\beta)P_{ci}(T-1)}{1-\beta^T} \tag{4-4}$$

式中，$\text{CP}_{ci}(T)$ 为当前周期节点中的内容流行度；β 为周期间内容流行度的衰减因子，范围为 $0 < \beta < 1$。

定义 4-3 节点缓存度（SC）。节点缓存度是表征一个节点缓存状态的重要依据。传统的缓存策略中是否在节点处进行缓存，在一定程度上取决于节点的缓存空间状态，若节点处于饱和或即将饱和的状态，则仅依靠节点的缓存空间状态不能很好地表述节点缓存的实际状态。在这里，节点缓存度包含两部分：一是缓存空间充足时的缓存占用率；二是缓存空间饱和或即将饱和时的缓存替换率。

$$\text{SC}_{vi} = \frac{\sum_{i=1}^{n} O_{ci} + \sum_{j=1}^{m} S_{ci}}{C_{vi}} \tag{4-5}$$

式中，$\sum_{i=1}^{n} O_{ci}$ 为节点中实际缓存内容大小；$\sum_{j=1}^{m} S_{ci}$ 为节点中发生替换内容副本大小；C_{vi} 为节点 vi 缓存的总容量大小。对于节点缓存度，当节点存在大量内存空间时，节点缓存度主要由 $\sum_{i=1}^{n} O_{ci}$ 决定。随着时间变长，节点中会缓存大量的内容副本，此时 $\sum_{j=1}^{m} S_{ci}$ 可以作为节点缓存度弥补测度。

定义 4-4 节点情景度。节点情景度是表征节点综合状态的一个度量，结合情景感知中对情景因子的考虑方法，其可糅合用户喜好度、内容流行度及节点缓存度等节点情景因子作为节点属性范畴。节点情景度的公式表示为

$$R_{ci}\_\text{SITU}_{vi} = [\text{CP}_{ci}(T)+1] \times \text{SC}_{vi} \tag{4-6}$$

式中，R_{ci} 表示内容所在的节点；$R_{ci}\_\text{SITU}_{vi}$ 表示内容所在节点的情景度。

2. CSNC 策略实现

CSNC 策略的实现需要对 CCN 网络中的兴趣包与数据包结构进行一定的扩展，包结构字段扩展如图 4-13 所示。扩展兴趣包中添加了 Interest Hops 字段值 IH 为请求经过的路由跳数；Interest Situation Degree 字段值 ISD 用于记录兴趣包转发过程中途经每个节点时的节点情景度的阈值，记为 I_ISD。扩展数据包中添加字段 Data Hops 字段值 DH 为返回数据经过跳数；Data Situation Degree 字段值用于记录返回数据包中情景度阈值，记为 D_DSD。

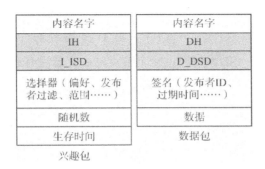

图 4-13 包结构字段扩展

假设请求者发出兴趣请求包经过 n 跳的节点路由到达具有缓存内容 i 的节点 v 处，中间各个节点处均未缓存内容 i。在请求兴趣包转发的过程中，每经过一个节点路由，依据节点处内容信息统计表计算求得需要的节点情景因子值。内容信息统计表如表 4-5 所示。

表 4-5 内容信息统计表

内容	用户喜好度	内容流行度	缓存数	替换数
C_1	UP_1	CP_1	N_1	S_1
C_2	UP_2	CP_2	N_2	S_2
…	…	…	…	…
C_n	UP_n	CP_n	N_n	S_n

假定请求者距缓存内容节点之间有 n 跳，默认在此建立一条针对该内容

的活动路径，基于该内容活动路径上存在活动节点和活动用户。便于利用情景因子，在此设 CCN 网络中每个节点都有一个可以存储节点情景度值的字节 $R_{ci}\_SITU_{vi}$。同时，设置一个三元组 $(C\_i, CP(T)_{ci\_max}, SC(v)_{ci\_min})$，$C\_i$ 表示内容，$CP(T)_{ci\_max}$ 用来存储节点内容流行度最大值，$SC(v)_{ci\_min}$ 用来存储节点缓存度最小值。初始化设 $CP(T)_{ci\_max}=0$，并且将 $SC(v)_{ci\_min}$ 设置一个最大值，如 $SC(v)_{ci\_min}=1000$。

在请求者兴趣包转发过程中，需要对兴趣包中的字节值进行对比，若节点中的 $CP_i>CP(T)_{ci\_max}$，则 $CP(T)_{ci\_max}=CP_{ci}$。如果根据节点中信息求得 $SC(v)<SC(v)_{ci\_min}$，则 $SC(v)_{ci\_min}=SC(v)$，并且将途经每个节点计算得到的 $R_{ci\_max}\_SITU$ 赋值给 I_ISD。每经过一个节点路由，若没有命中内容，则 IH 的值加 1 后转发。同时应该在 PIT 中添加对应的请求条目。

当内容 ci 沿建立的活动路径到达缓存节点 vi 时，节点依据三元组中数据计算得到关于内容 ci 的情景阈值 $R_{ci\_max}\_SITU$，即

$$R_{ci\_max}\_SITU =[CP(T)_{ci\_max}+1]\times SC(v)_{ci\_min} \qquad (4-7)$$

响应数据包会沿着"逆路径"被转发，返回用户请求节点。在途经各个节点的过程中，将依据中间节点的实时情景度值 $R_{ci}\_SITU_{vi}$ 和数据包中 D_DSD 字节的值来决定是否在节点处进行缓存操作。当节点处命中内容时，将在缓存节点处计算得到的 $R_{ci\_min}\_SITU$ 值赋值给 D_DSD 字节值，同时设置 DH=IH-1。

当响应数据包返回途经活动路径中间节点时，依据节点 $R_{ci}\_SITU_{vi}$ 和 D_DSD 字节值进行讨论。

（1）若 $R_{ci}\_SITU_{vi}<D\_DSD$，则认为此节点适合存储内容并在此节点处执行缓存。同时，DH 字节值减 1 后对数据包转发，然后删除节点中对应的 PIT 条目。

（2）若 $R_{ci}\_SITU_{vi} \geqslant D\_DSD$，则表明此节点不适合存储缓存内容。同时，DH 字节值减 1 后将数据包直接转发，删除节点中对应的 PIT 条目。

以上为兴趣包转发、数据包响应及缓存决策过程。在数据包返回阶段，途经节点只需对比数据包 D_DSD 字节值与 $R_{ci}\_SITU_{vi}$ 值的大小。依据对比结果决定是否在节点处执行缓存操作，然后将 DH 的值减 1 后转发下一跳，直至将数据包返回给用户，结束整个请求-响应过程。

3．算法描述

为了进一步描述和理解 CSNC 策略的实现过程，这里给出了初始化处理、兴趣包处理、响应数据包处理过程的伪代码（见表 4-6~表 4-8）。

表 4-6　初始化处理算法

算法 1：初始化算法
初始化
UPi=null, CPi=null, SC(vi)=null;
IH=null, DH=null;
D_DSD=null, I_ISD=null;
$CP(T)_{ci\_max} = 0$，$SC(v)_{ci\_min} = 1000$;
清空中间节点缓存；
结束

表 4-7　兴趣包转发处理算法

算法 2：兴趣包处理
输入：兴趣请求包
接收用户发送的兴趣包；
if（cs 未命中缓存）；
计算 CPi、SC(vi)；

续表

比较 $CP(T)_{ci\_max}$ 和 CPi 大小且将最大值赋值给 $CP(T)_{ci\_max}$； 比较 $SC(v)_{ci\_min}$ 和 CPi 大小且将最小值赋值给 $SC(v)_{ci\_min}$； IH++； 转发兴趣包至下一个节点； else $R_{ci\_max}\_SITU=(CP(T)_{ci\_max}+1)*SC(v)_{ci\_min}$； I_ISD=$R_{ci\_max}\_SITU$； 执行算法 3； 结束

表 4-8　数据包转发处理算法

算法 3：响应数据包处理

输入：内容数据包
 读取 IH、I_ISD；
 DH=IH-1，D_DSD=I_ISD；
 沿着逆路径返回数据包并计算 $R_{ci}\_SITU_{vi}$；
 if ($R_{ci}\_SITU_{vi}$ <D_DSD)
  if (CS is full)
   执行 LRU 替换算法并缓存；
  else
   缓存数据；
 else
  DHi--后转发数据包；
结束

算法 1 中对网络中任意节点、兴趣包和数据包进行初始化操作。操作中为兴趣包、数据包跳数赋值 null，同时将用户喜好度、内容流行度和节点缓存

度等情景因子初始值都设为 null。每个新加入的请求兴趣包设置 I_ISD 字节值为 null。算法 2 中用户请求兴趣包若在接入节点处命中，则直接沿着逆路径返回数据包。否则利用节点信息表中的信息和三元组中的字节进行匹配交换数值，使得最终到达命中节点后，满足 $CP(T)_{ci\_max}$ 字节存储活动路径上最大内容流行度，$SC(v)_{ci\_min}$ 存储活动路径上节点缓存度的最小值。同时将 IH 值加 1 后转发。算法 3 中数据包在沿着通信链路返回过程中，会根据 D_DSD 字节值和此时的节点情景度值进行对比，根据节点情景度和阈值进行对比来判断网络中该内容副本是否需要在节点处进行缓存。

4. 仿真实验

仿真实验采用 ndnSIM，其为内容中心网络设计的基于 NS-3 的开源网络仿真平台。实验利用 GT-ITM 中的模块随机生成一个含有 50 个节点的网络拓扑。在仿真实验中，假设请求到达节点服从泊松分布，用户访问服从参数为 α 的 Zipf 分布。假设 CCN 网络原型包括 20 个请求者、1 个内容源服务器及 1000 个大小相同的网络内容块。内容源服务器中包含网络中所有的内容副本，且不会删除。内容流行度衰减因子 β 设为 0.4。每个缓存副本块大小一样，且每个节点缓存总容量大小一致，默认能够缓存 60 个内容副本。实验仿真时间为 100s。具体仿真参数如表 4-9 所示。

表 4-9　仿真参数

参　数	默认值	变化范围
内容流行度衰减因子 β	0.4	
网络拓扑节点数 N	50	
缓存容量个数/slot	60	20~100
Zipf 参数范围 α	0.7	0.2~1.2

5. 仿真评价

为了做出对比，同时对 LCE、Betw、ProbCache 和 CSNC 策略进行模拟仿真实验。仿真实验主要依据缓存容量大小、服从 Zipf 分布的参数 α 变化的情况下针对各个缓存策略指标的差异进行定量分析和对比。本次仿真实验的评价指标如下。

（1）缓存命中率，即指节点对请求者请求缓存内容的响应率，可用网络域内缓存命中数量与用户请求总数的比值表示。域内缓存命中率越高，表示对应的原始服务器接收到的请求数量越少，相应的负载越小，系统效率越高。缓存命中率的计算公式为

$$\mathrm{CH} = \frac{\sum_{i=1}^{n} N_{\mathrm{I\_H}}}{N_{\mathrm{I\_all}}} \tag{4-8}$$

式中，$N_{\mathrm{I\_H}}$ 为单个节点路由中的缓存命中数量；$N_{\mathrm{I\_all}}$ 为域内网络中总的兴趣请求数量；n 为域内网络共有的路由节点数量。

（2）平均请求时延，即网络中所有用户请求内容到接收到数据包的总时间和总用户数量的比值。域内网络中用户的平均请求时延越小，表示用户请求数据内容的时间越短，用户的体验效果越好。平均请求时延的计算公式为

$$\mathrm{ARD} = \frac{\sum_{i=1}^{n} U_{\mathrm{T\_D}}}{U_{\mathrm{all}}} \tag{4-9}$$

式中，$U_{\mathrm{T\_D}}$ 为单个用户的请求时延；U_{all} 为用户的总数量，在数值上和 n 相等。

6. 结果分析

为了便于比较和分析，同时对 LCE、Betw、ProbCache 及 CSNC 策略进行仿真实验，由图 4-14 可以看出，随着节点缓存容量个数的增大，几种缓存策略的缓存命中率都有所提升，并且用户的平均请求时延也相应减少。

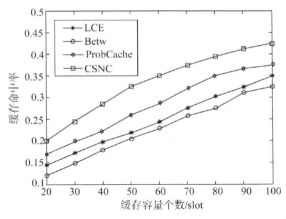

（a）缓存命中率随缓存容量个数的变化图

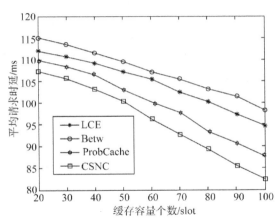

（b）平均请求时延随缓存容量个数的变化图

图 4-14　缓存命中率及平均请求时延随缓存容量个数的变化图

（1）缓存容量的影响。从图 4-14（a）中可以看出，随着缓存容量个数的增加，LCE 和 Betw 策略的缓存命中率都有提高。LCE 的处处缓存策略和 Betw 的基于节点介数的缓存策略并没有充分考虑缓存容量的影响，虽然在一定程度上缓存命中率会有所提高，但两者区别不大。由图 4-14（a）还可以看出，同样的缓存容量大小，每种策略的缓存命中率也不同。在同等条件下，每增加 10slot，4 种策略缓存命中率分别提高 0.016、0.023、0.037、0.043 个百分比。由图 4-14（b）可以看出，同样的缓存容量大小，每种策略的平均请求也不同。从对比结果可以看出，本节提出的 CSNC 策略在以上两个指标均优于其他缓存策略。

（2）Zipf 分布参数 α 的影响。由图 4-15 可以看出，随着 Zipf 分布参数 α 的增大，相应的 4 种缓存策略在缓存命中率和平均请求时延方面性能都有所提高。随着参数 α 的增大，请求越来越集中，对应的 4 种策略中，网内缓存利用率也越来越高，因此缓存命中率也随之提高。请求的集中化，使得请求时延也越来越小。网内冗余及节点缓存空间大小的限制，性能变化是先增大后减小，但整体性能越来越好。在图 4-15（b）中，随着参数增大，请求越来越集中，Betw 的性能优于 LCE 策略，然后两者又趋近，这是由于基于高阶数缓存的 Betw 策略在请求少的情况下，性能会优于 LCE 策略，但随着请求集中和增多，后者区别不大，因此两者的性能接近。对比分析这两个指标可以看出，本节提出的 CSNC 策略在性能上优于其他 3 种策略，可以有效地提高缓存命中率及减少平均请求时延。

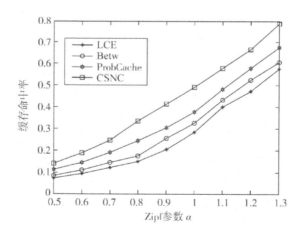

(a) 缓存命中率随 Zifp 参数 α 的变化图

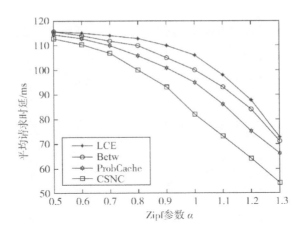

(b) 平均请求时延随 Zifp 参数 α 的变化图

图 4-15　缓存命中率及平均请求时延随 Zifp 参数 α 的变化图

4.3　内容中心网络缓存替换策略

在 CCN 中，典型的缓存替换策略包括随机替换策略、最少频率使用策略 LFU 及最近使用策略 LRU，分别对随机选取的内容、长时间内最小频率使用的内容及最近最少使用的内容进行替换更新。CCN 中要求缓存以线速执行，因此需要相对简单的缓存替换策略。最近研究表明，在 CCN 中采用简单的随机替换策略基本上就能达到 LRU 替换策略的性能。

4.3.1　缓存替换策略概述

缓存替换策略主要解决的问题是当内容的流行度发生变化，或者缓存节点的缓存空间被占满而又有新的内容需要缓存时，如何进行内容的替换。

目前，国内外的研究者主要专注于缓存决策策略的研究，而关于缓存替换策略的研究相对较少。以下是几种具有代表性的替换策略。

1. LRU

LRU（Lease Recently Used）策略能够替换最近最少使用的网络内容，其价值计算函数如式（4-10）所示。当有新的网络内容需要缓存时，通过 LRU 策略将 CCN 节点缓存存储区中价值最小的内容删除，为新的网络内容释放空间。

$$v_i \propto \frac{1}{t - t_{\text{rec\_}i}} \tag{4-10}$$

式中，v_i 为内容 i 在替换时刻 t 所估算的未来使用价值；$t_{\text{rec\_}i}$ 为最近一次的访问内容 i 的时刻。

LRU 策略虽然在一定程度上能够反映内容近段时间的流行度，但是其仅考虑了最近访问时间这一单一因素，并无法全面确切地反映内容的未来使用价值。

2. LFU

LFU（Least Frequently Used）策略能够替换使用频率最少的网络内容，其价值计算函数如式（4-11）所示。当 CCN 节点需要进行缓存内容替换时，通过 LFU 策略将 CCN 节点中历史访问频率最少的内容删除，即删除其中价值最小的缓存内容。

$$v_i \propto f_i \tag{4-11}$$

式中，v_i 为内容 i 在替换时刻所估算的未来使用价值，f_i 为内容 i 的历史访问频率（或访问次数）。

LFU 策略考虑的是内容的历史访问频率这一因素。如果内容 i 在前期被大量访问，使其具有了很高的访问频率，那么即使近段时间对该内容的访问量急剧下降，该内容仍然具有很高的历史访问频率。根据式（4-11），该内容具有很高的使用价值，导致其并不会被替换，从而造成"缓存垃圾"。

3. SIZE

SIZE 策略能够替换占用空间最大的网络内容。其价值计算函数如式（4-12）所示。当 CCN 节点需要缓存新的内容，同时该 CCN 节点的缓存存储空间不足时，SIZE 策略主要以缓存内容所占用的存储空间的大小作为选取替换内容的决定性因素，删除价值最小的内容，即删除 CCN 节点缓存存储区中占用空间最大的内容。

$$v_i \infty \frac{1}{s_i} \qquad (4\text{-}12)$$

式中，v_i 为内容 i 在替换时刻所估算的未来使用价值；s_i 为内容 i 所占用的存储空间的大小。

由式（4-12）所示的价值计算函数可知，当有新的内容需要缓存时，SIZE 策略将占用存储空间最大的内容删除。虽然在一定程度上可以提高缓存空间的利用率，但是其仅将内容的大小作为决定性因素，并没有考虑内容流行度等因素，可能导致"缓存垃圾"的存在。

4. FIFO

FIFO（First In First Out）策略能够替换最早进入缓存空间的网络内容，当一个 CCN 节点需要缓存新的内容，同时缓存存储空间不足时，该 CCN 节点将删除最先进入其缓存存储区的内容。FIFO 策略实现简单，但是有一点是无法避免的，就是最先进入 CCN 节点缓存存储区的内容可能是用户经常访问的，无法达到令人满意的效果。

5. RAND

RAND 策略能够随机地选择替换内容，当有内容需要被缓存到 CCN 的某个路由器节点，同时该 CCN 节点的缓存存储空间不足时，将完全随机地选择其缓存存储区中的内容进行替换，即每个位于 CCN 节点缓存存储区中的内容被删除的概率是相等的。

4.3.2 基于势能冷却的缓存替换策略（PEC-Rep）

1. 势能

PEC-Rep 中定义了两种势能：路由器势能与内容势能。此处先介绍路由器势能的定义及计算方法。

在物理学中，只要知道了物体的重量 m，距离地面的高度 h，以及当地的重力加速度 g，就可以根据式（4-13）计算物体的重力势能 E_p，其式为

$$E_p = mgh \tag{4-13}$$

$$E_{pr} = Cgh \tag{4-14}$$

在 PEC-Rep 中，假设所有用户客户端构成"0 势能面"，每个路由器的缓存空间 C 都相同，由于所有的路由器都处于同样的环境，其"重力加速度" g 相同，因此每个路由器的势能 E_{pr} 都与其距离 0 势能面的最少跳数 h（见图 4-16）成正比。从而可以根据式（4-14）得出每个路由器的势能 E_{pr}。

2. 内容信息表

每个路由器都拥有一个内容信息表（Content Information Table，CIT），其包含 6 个字段：内容名字 CN（Content Name）、最初访问时刻 t_{init}、最近访问

时刻 t_{rec}、内容访问量（访问次数）CA（Content Access）、内容势能 E_{pc} 及跳数值 H。其中，内容名字 CN、最初访问时刻 t_{init}、最近访问时刻 t_{rec}、内容访问量 CA、内容势能 E_{pc} 5 个字段用来统计其缓存空间中内容的信息；跳数值 H 字段用来记录该路由器离用户客户端的最少跳数。

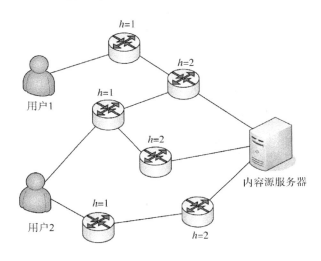

图 4-16　跳数 h

3．核心思想

一个内容被缓存至路由器之初，其势能 E_{pc} 与该路由器的势能 E_{pr} 是相匹配的，即 $E_{pc} = E_{pr}$。在接下来的时间中，内容势能 E_{pc} 会随着用户的访问次数及时间的流逝而变化，同时，CIT 会实时更新其中的信息。

用户每访问一次内容，该内容的势能 E_{pc_i} 将按照式（4-15）进行更新。

$$E'_{pc\_i} = E_{pc\_i} \times e^{-\mu} \qquad (4\text{-}15)$$

式中，μ 为冷却因子（$0 < \mu < 1$），可以调整内容势能 E_{pc_i} 的冷却速度。

同时，随着时间的流逝，内容 i 的势能 E_{pc_i} 根据式（4-16）发生变化。

$$E'_{\text{pc\_i}} = E_{\text{pc\_i}} \times \ln\frac{\Delta t}{\mu} \tag{4-16}$$

当路由器节点的缓存空间被占满,又有新的内容需要被缓存到该路由器节点时,该节点会根据式(4-17)所示的价值函数计算其 CS 中每个内容的使用价值 v,并将最小使用价值 v 所对应的内容删除。

$$v_i = \frac{1}{E_{\text{pc\_i}}} \tag{4-17}$$

式中,v_i 为内容 i 的未来使用价值;$E_{\text{pc\_i}}$ 为内容 i 的内容势能;Δt 为访问时间间隔,其中,每个内容的 Δt 不同,内容 i 的 Δt 可以根据式(4-18)计算得出。

$$\Delta t_i = \frac{t_{\text{rec\_i}} - t_{\text{init\_i}}}{\text{CA}_i} \tag{4-18}$$

4. PEC-Rep 算法流程

PEC-Rep 算法流程如图 4-17 所示,主要包括以下 8 个步骤。

(1)内容到达路由器节点,根据缓存决策策略确定该节点是否缓存该内容。若是,则执行第(2)步;若否,则转发该内容,执行第(1)步。

(2)检查节点的缓存空间 CS 是否满足空间要求。若是,则执行第(3)步;若否,则转至执行第(4)步。

(3)直接缓存该内容,转至第(8)步。

(4)根据 μ 与 Δt 计算 CS 中每个内容的 E_{pc}。

(5)根据 E_{pc} 计算 CS 中每个内容的使用价值 v。

(6)比较 CS 中每个内容的使用价值 v,删除最小使用价值 v 所对应的内容。

（7）缓存返回的内容。

（8）内容进入节点后，初始化 E_{pc}，使得 $E_{pc} = E_{pr}$。

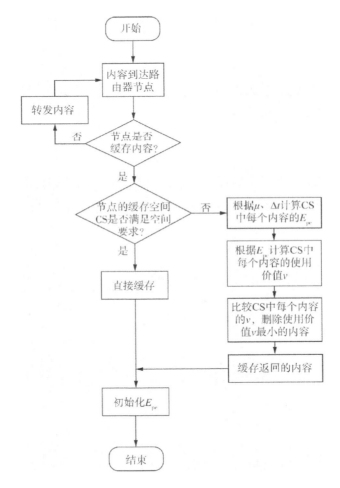

图 4-17　PEC-Rep 算法

5. 仿真分析

为了评估 PEC-Rep 算法的性能，本部分通过 CCNSim 仿真平台实现了对

LRU、LFU 及 PEC-Rep 的实验仿真，并将仿真结果导入 Matlab 软件进行处理。最后通过对结论仿真结果的对比与分析，验证 PEC-Rep 方法的优越性。

（1）仿真环境及参数设置。

①仿真环境。本仿真实验的硬件环境为 Inter(R) Core(TM) i7-4790 CPU@3.60GHz，4GB 内存，使用的操作系统是 Ubuntu 14.04。仿真平台 CCNSim 是用 C++编写的基于 OMNeT++框架的 CCN 模拟器。该模拟器的规模可达 chunk 级别，提供了模拟 CCN 关键特性的所有 API，并且可以通过修改执行代码更换不同的缓存策略及路由策略。

②参数设置。采用如图 4-18 所示的网络型拓扑结构，包括 1 个内容源服务器、23 个路由器及 12 个用户。其中，内容源服务器中存储了网络中所有内容的备份，并且永远不会删除；每个路由器具有相同大小的缓存空间；每个用户都与最外层的路由器相连。

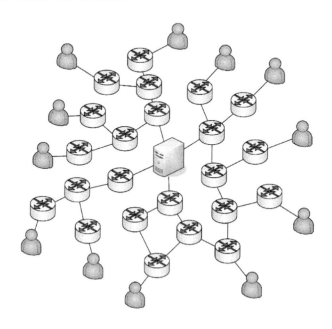

图 4-18　网络型拓扑结构

仿真主要参数如表 4-10 所示，参数详细设置为：内容源服务器中的内容块总数 N=10000 个 chunk，每个内容均为一个 chunk 大小，即 M=1，用户对网络中所有内容的请求服从参数 α=1 的 Zipf 分布，每个用户连续发出 1000 次内容请求。同时，为了比较性能指标随节点缓存空间的变化，依次将节点缓存空间 CS 设置为 100、150、200、250、…、500 个 chunk，沿途路由器节点采用内容中心网络 CCN 默认的缓存决策策略 CEE（Cache Everything Everywhere），并采用泛洪式的请求转发方式。

表 4-10 仿真主要参数

主要参数	参数意义
N/个	内容源服务器中内容数
M/个	内容包含的 chunk 数
CS	路由器缓存空间
R	网络拓扑中路由器的个数
α	Zipf 分布参数
DS	缓存决策策略

③性能指标。这里主要考虑两个性能指标：平均请求跳数 $h_{\text{ave}}(t)$ 及内容源端命中率 $r(t)$，计算公式如下。

$$h_{\text{ave}}(t) = \frac{\sum_{n=1}^{R} h_i(t)}{R} \tag{4-19}$$

$$r(t) = \frac{\sum_{n=1}^{R} r_i(t)}{R} \tag{4-20}$$

$$r_i(t) = \begin{cases} 1 & \text{在内容服务器命中} \\ 0 & \text{在域内节点命中} \end{cases} \tag{4-21}$$

式中，$h_i(t)$ 为请求 i 到达命中节点所经过的跳数；$r_i(t)$ 为一个二值函数，当请求 i 在内容源服务器中命中时，$r_i(t)$ 的值取 1，当请求 i 在域内的节点中命中时，$r_i(t)$ 的值取 0；R 为用户所发出的全部请求数，即 $R=12000$。

$r(t)$ 越低，则域内命中率 $1-r(t)$ 越高，说明用户发出的请求大部分可以在域内节点中得到响应，大大减轻了内容源服务器的负载压力，内容的传输跳数也会相应减少，同时内容的请求平均跳数 $h_{ave}(t)$ 也会降低，但 $r(t)$ 与 $h_{ave}(t)$ 之间并不是直接的比例关系。例如，用户的请求 i 可以在靠近与远离用户的两个节点得到响应，但是其所经过的跳数 $h_i(t)$ 是不同的。因此，本部分选择内容源端命中率 $r(t)$ 及请求平均跳数 $h_{ave}(t)$ 作为评价替换策略性能优劣的两个指标。

（2）仿真结果分析。如图 4-19 所示，用户请求在内容源服务器中的命中率，即内容源端命中率。从图中可以看出，相比于 LRU 及 LFU，PEC-Rep 有着更低的内容源端命中率 $r(t)$。在节点的缓存空间 CS=500 时，PEC-Rep 的内容源端命中率相比于 LRU 及 LFU，分别提高了 24.8%与 13.1%。这是因为在 LRU 及 LFU 中，域内节点中访问量较高的内容可能会因为周期性的操作被过早替换，同时前期访问量高的内容在后期可能无人问津，但是因为前期用户的大量访问使其长期占据着节点空间而不会被替换，这就使得用户的请求在域内节点不会得到响应，而被路由至最终的内容源服务器中。随着域内节点缓存空间的增加，节点可以缓存的内容也会相应增加，这在一定程度上减轻了内容源服务器的负载压力，降低了内容源端命中率 $r(t)$。PEC-Rep 计算出每个内容的使用价值，使用价值高的内容得以长时间留在节点的缓存空间中，否则就会被替换，这样可以使得节点中的内容保持最高价值，满足用户的访问需求。

图 4-20 显示了用户的请求得到响应时所经过的平均请求跳数随路由器节点缓存空间的变化。经过对图 4-19 的分析可知，相比于 LRU 及 LFU，PEC-Rep 的内容源端命中率 $r(t)$ 更低，说明在 PEC-Rep 中，域内路由器可以缓存

更加多样化的内容，使得更多的用户请求在到达最终的内容源服务器之前就可以得到响应，而且域内节点缓存的内容会随着其缓存空间的增加而增加。

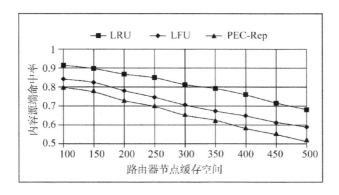

图 4-19　内容源端命中率

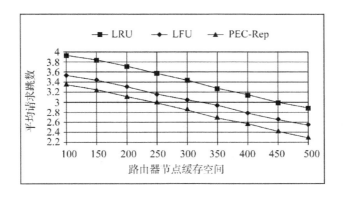

图 4-20　平均请求跳数

4.3.3　基于通告转移的缓存替换策略

1．活动路径的建立

用户请求、节点或源服务器响应驱动建立的 CCN 网络通信，是内容中心网络有别于传统以 IP 寻址推送方式网络的一大特点。CCN 网络在以内容为基础建立通信链路的过程中，对该内容请求建立的通信链路称为活动路径。该活动路径具有如下特点。

（1）匹配内容，指活动路径的建立依赖于请求内容所存在。

（2）唯一性，指虽然针对同一内容建立的活动路径可能有多条，但基于请求用户到缓存节点或内容源服务器之间建立的活动路径有且仅有一条。

（3）全网特性，指活动路径的建立是基于整个网络的。活动路径模型如图 4-21 所示。

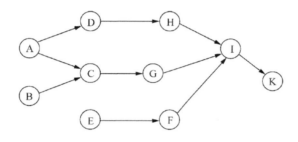

图 4-21　活动路径模型

如图 4-21 所示，A-C-G-I-K、A-D-H-I-K 及 E-F-I-K 等都是网络中的活动路径，虽然最终请求到达相同的缓存节点，但是这几条路径是不同的路径，且都是唯一的。

2．基于活动路径的通告转移机制

（1）动态内容流行度。CCN 网络中内容对于用户需求状况的一个重要指标是内容流行度。缓存内容存储方面，内容源服务器中的缓存内容是稳态型，域内网络节点存储的内容是动态型。本部分主要针对网络域内节点动态内容，因此得到的内容流行度也具有动态性，即变的特性。若缓存中的部分内容在当前周期内被多个用户请求，内容流行度很高，但是过了该时期，内容几乎不被用户访问，访问量极少，内容流行度将会急速下降。因此，随着内容的动态性,若要得到准确的内容流行度的变化,避免因不同时间段流行度不同而造成当前时段内容流行度的误判,需要结合不同时间段的流行度权重来准确预测。本部分中设计为每个节点加一个用户请求包计数器来记录节点收到的兴趣包请求数量,同时为节点中数据包加一个计数器来记录数据内容被命中次数。依据前后时间周期来计算当前时间周期中的动态内容流行度(DCP),其公式为

$$\mathrm{DCP}_i(T) = \varepsilon \times \mathrm{DCP}_i(T-1) + (1-\varepsilon) N_i(T) \tag{4-22}$$

$$N_i(T) = \frac{N_{i\_\mathrm{hit}}}{N_{\mathrm{all}}} \tag{4-23}$$

式中,$\mathrm{DCP}_i(T-1)$ 为上一时间周期中的节点中该内容的流行度;ε 为衰减因子,取值范围为 $0<\varepsilon<1$;$N_i(T)$ 为节点缓存内容周期内命中率;N_{i_hit} 为节点内容 i 在统计周期内的命中次数;N_{all} 为该缓存节点在统计时间段内收到的请求次数的总和。

本部分以动态内容流行度作为求取内容存储价值的因素之一,考虑内容流行度因子,其值越大,说明该内容越有存在域内网络的价值,在缓存替换时应避免替换。

(2)缓存代价。CCN 网络中用户请求到内容缓存在节点的过程中必然要消耗网络资源,称为缓存代价。在这里,将缓存代价分为传输代价与存储代价。传输代价是指节点中缓存内容从源服务器到缓存节点所消耗的资源,由传输经过跳数和每跳代价决定,假设每跳的传输代价固定不变,跳数越大,传输代价越高。存储代价是指将到达节点的内容存储到缓存空间中所需的代价。缓存代价(CC)的计算公式为

$$\mathrm{CC}(i) = \mathrm{Hop}_i \times \mathrm{SP}_i^{(h)} + \mathrm{SP}_i^{(c)} \tag{4-24}$$

式中,$\mathrm{CC}(i)$ 为内容缓存代价;Hop_i 为内容传输跳数;$\mathrm{SP}_i^{(h)}$ 为内容单跳

的传输代价；$SP_i^{(c)}$ 为内容在节点中的存储代价。在同等条件下，存储代价要远远小于传输代价，因此可对公式做如下处理。

$$\beta = \frac{\text{Hop}_i \times SP_i^{(h)}}{SP_i^{(c)}} \tag{4-25}$$

$$CC(i) = \frac{\beta+1}{\beta}\text{Hop}_i \times SP_i^{(h)} \tag{4-26}$$

此式满足 $\beta \gg 1$。

由式（4-26）可以看出，传输代价是缓存代价的主要决定因素，传输代价中缓存内容节点距内容源服务器跳数越大，缓存代价就越大。在缓存空间不足需要替换缓存内容时，为保障用户请求时不必再次从其他节点或内容源服务器中获取内容从而耗费网络资源，应避免在替换时将缓存代价较大的内容替换。

（3）内容存储价值。在该策略中，将内容的存储价值（Content Storage Value，CSV）设定为域内网络中节点内容的存储属性，CSV 值的高低也直接影响着内容对整个网络用户的作用大小，以及是否适合缓存在网内节点中。为避免由于节点中缓存内容历史请求命中率大但近段时间未被访问而造成的缓存污染问题，本部分依据 LRU 算法思想，引入内容缓存时间差，其原理是在节点缓存内容中添加一个记录最新时刻的字段，在这里用 t 表示当前内容被请求时间，t_0 表示前一时刻内容被请求时间，节点中该内容两次被访问的时间差计算为：$T_{\text{inter}} = t - t_0$。

综合考虑时间、内容流行度及缓存代价 3 个方面因素，同时结合 GDSF 算法思想，本部分给出了内容存储价值函数，公式如下。

$$CSV(i) = \frac{[\varepsilon \times DCP_i(T-1) + (1-\varepsilon)N_i(T)] \times \dfrac{\beta+1}{\beta}\text{Hop}_i \times SP_i^{(h)}}{t - t_0} \tag{4-27}$$

由式（4-27）可以看出，时间间隔越短，表明内容在短时间内请求次数越多，内容流行度越大，此时 CSV(i) 值也越大。时间间隔越大，说明此时内容流行度值会越小，应着重考虑内容缓存代价，节点缓存内容与源服务器的距离越远，即 Hop_i 值越大，则缓存代价越高，因此 CSV(i) 值也越大。综上所述，该内容存储价值的值可以很好地表征内容的存储属性，在节点空间不足，并且需要进行缓存替换时，可以依据该内容存储价值的值进行替换内容的选择，优先替换内容存储价值较低的缓存内容。

3．通告机制

当 CSV 值通过以上方法得到后，如果在域内网络节点空间不足需要发生缓存替换时缺少了相应的通告机制将被替换的内容在限定范围内进行通告，那么基于转移通告机制的 CCN 缓存替换策略将无异于普通的缓存替换策略，即发生缓存替换时直接将替换的内容进行删除，而不能将该内容转移到其他的节点进行缓存，当网络用户再次请求该内容时，依然会耗费网络资源再次从其他节点或内容源服务器中获取。因此，设计一种针对由于缓存空间不足而被替换内容的通告转移机制，被替换的内容可以沿着依赖内容而存在的活动路径进行转移，遍历查找适合存储的其他节点，以便其他节点或同一节点再次请求，遍历完活动路径，若有适合缓存的节点，则对其进行缓存，反之直接删除。

依赖用户请求-响应而建立的活动路径，中间节点本身不存在该内容缓存，随着不同用户请求建立的活动路径交叉不同，使得中间节点也会存在针对该内容的缓存。通过以上分析可知，活动路径节点中依据 CSV 值的大小，在进行缓存替换时，首先替换其值较小的缓存内容，替换内容沿着活动路径从缓存节点向网络中发出通告，寻找适合存储的其他节点，若找不到则将该内容删除。在这里涉及两个方面：①选择合适的存储节点，利用替换内容的 CSV 值沿活动路径匹配查找，满足条件则进行存储，反之遍历结束，则直接删除；

②通告范围限制，通告范围的大小影响着效率的高低及内容的可复用性，同时应当受到网络限制，此部分将在下面详细阐述。

内容通告范围限定需要根据不同网络、不同环境进行，若无节制地向全网进行通告，会占用大量的网络资源，增大网络开销，同时替换或最终删除内容后依然需要删除原有路径中的 FIB 条目，同样会占用一部分网络带宽。在此，以活动路径上路由跳数 n 来定义通告的范围，需要满足以下条件：① 通告范围不能超出域内网络；② 最大限度地减少网络资源消耗；③ n 的选择小于请求者到缓存节点之间的跳数。

跳数的设定需要考虑活动路径的大小及节点中 CSV 值的范围，公式如下。

$$\mathrm{CSV}_{per} = \frac{\mathrm{CSV}_{max} - \mathrm{CSV}_{min}}{n} \quad (4-28)$$

$$\mathrm{CSV}_{i,h} = \mathrm{CSV}(i) - \mathrm{CSV}_{min} \quad (4-29)$$

式中，CSV_{max} 和 CSV_{min} 分别为缓存节点中的内容存储价值的最大值和最小值；$\mathrm{CSV}(i)$ 为节点中被替换内容的内容缓存价值。表 4-11 所示为替换内容通告范围。

表 4-11 替换内容通告范围

替换内容 $\mathrm{CSV}(i)$ 相对范围	通告范围（跳数）
$\mathrm{CSV}_{i,h} \leqslant \mathrm{CSV}_{per}$	0
$(m-1)\mathrm{CSV}_{per} < \mathrm{CSV}_{i,h} < m\mathrm{CSV}_{per}$	m
$n\mathrm{CSV}_{per} \leqslant \mathrm{CSV}_{i,h}$	n

本部分依据缓存节点中 CSV 值大小设置跳跃阈值，针对该节点中不同内容的 $\mathrm{CSV}(i)$ 相对取值范围来确定具体的通告范围。当 $\mathrm{CSV}_{i,h} \leqslant \mathrm{CSV}_{per}$ 时，节点对该内容不进行通告；当 $(m-1)\mathrm{CSV}_{per} < \mathrm{CSV}_{i,h} < m\mathrm{CSV}_{per}$ 时，缓存节点沿着活动路径向周围通告 m 跳的范围；当 $n\mathrm{CSV}_{per} \leqslant \mathrm{CSV}_{i,h}$ 时，缓存节点沿着活动路径通告 n

跳范围。在遍历过程中，若存在不足 m 或 n 跳的活动路径，且遍历结束依然未找到适合的存储节点，则直接删除内容，同时删除沿路径的 FIB 表中的相应条目。

4．算法实现

为实现通告转移（Notification Transfer Mechanism，NTM）的 CCN 网络缓存替换策略，这里给出了兴趣包处理过程、数据包处理过程及替换过程，如表 4-12~表 4-14 所示。

表 4-12　兴趣包处理过程

算法 4：兴趣包处理算法
输入：兴趣请求包
if(CS 中命中缓存)
N_{i_hit}+++，N_{i_hit}
更新内容的请求时间
准备沿逆路径转发
else
if(PIT 中存在条目)
丢弃兴趣包同时更新 PIT 表
else
PIT 中添加兴趣包条目，
查找 FIB 转发兴趣分组
结束

表 4-13　数据包处理过程

算法 5：数据包处理算法
输入：命中缓存内容

续表

读取兴趣包的跳数减 1 后赋值给数据包，
及时更新内容存储价值 CSV，
沿着逆路径返回数据包，且查找适合缓存的节点，
if(CS 空间充足)
存储内容数据，
初始化内容命中数和请求数，
更新 Hop_i 值，
else
查找并替换 CSV 值最小的内容，
删除相应的 FIB 条目，
结束

表 4-14 替换过程

算法 6：替换算法
输入：替换内容
依据 CSV 值计算并查找通告范围，
沿着建立的活动路径通告，
if ($\text{CSV}_{i,h} \leqslant \text{CSV}_{\text{per}}$)
直接删除，
else if ($(m-1)\text{CSV}_{\text{per}} < \text{CSV}_{i,h} < m\text{CSV}_{\text{per}}$)
遍历活动路径 m 跳，找到合适节点则存储，否则直接删除，
else if ($n\text{CSV}_{\text{per}} \leqslant \text{CSV}_{i,h}$)
遍历活动路径 n 跳，找到合适节点则存储，否则直接删除，
删除原内容对应路径中的 FIB 条目，
结束

5. 仿真实验

为验证本部分所提 CCN 网络替换策略对网络性能的优化，采用表 4-15 所示的参数设置进行仿真实验，实验采用 BRITE 网络拓扑生成器随机生成含有 50 个节点的网络，其中用户节点 15 个、内容源服务器节点 5 个。假设默认网络中包含 7000 个文件，文件数变化为 2000~12000，并且符合单个文件大小一致的条件。每个节点缓存空间大小相同，用户请求频率符合泊松分布，且 $\lambda=100$，内容数据的流行度服从 Zipf 分布，传输速率为 1Mbit/s，实验仿真时间为 150s，统计周期时间更新为 5s。

表 4-15 参数设置

参　　数	默认值	变化范围
流行度衰减因子 ε	0.4	
通信时延	10ms	
传输速率	1Mbit/s	
缓存容量占总数百分比	8%	4%~12%
Zipf 参数范围 α	0.9	0.5~1.3

6. 结果分析

为方便统计与分析，本部分以 FIFO、LRU 和 LFU 3 种缓存替换策略与提出的 NTM 缓存替换策略进行对比分析。

在图 4-22 中，从整体来看，随着域内网络节点缓存容量的不同，几种替换算法的平均缓存命中率都有不同程度的提升。其中 NTM 替换策略提升较为明显。这是因为仿真实验中采用的 NTM 替换策略，首先利用综合因子缓存存储价值来对 CSV 较小的值替换，同时利用通告转移机制将其存储在其他节点。这种机制优化了系统缓存，同时也提高了节点的缓存命中率。在图 4-23 中，几种替换策略平均请求跳数比都有下降，但 NTM 替换策略相对下降最为明显。因为 NTM 替换策略考虑了缓存代价，离内容源服务器较远的节点缓存内容不易被替换。同时,也考虑到了内容流行度,随着时间的积累,也可提高缓存多样性。

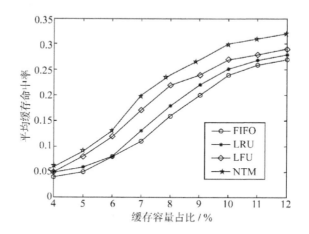

图 4-22 缓存容量对平均缓存命中率的影响

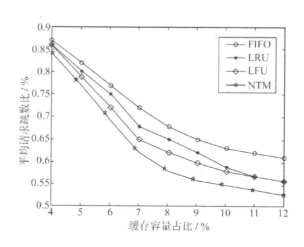

图 4-23 缓存容量对平均请求跳数比的影响

在图 4-24 中可以看出,起始参数 α 值较小,内容流行度高低并不明显,大多数内容只能从内容源服务器中获取,因此,几种缓存替换策略的平均缓存命中率很低。随着参数 α 值的增大,内容请求越来越集中,节点中缓存的内容也更加具有存储价值,因此,网络中节点的缓存命中率也相应增加。其中，NTM 替换策略的缓存命中率显著提高。在图 4-25 中，随着参数 α 值越来越大，平均请求跳数比也在下降。NTM 替换策略充分利用缓存代价、内容流行度因子，随着参数 α 值的增加，内容流行度增大，网络中缓存内容呈现局部特性，多条缓存路径中将会缓存大量的高内容流行度的内容，进而降低用户的平均请求跳数。相比于其他几种替换策略，随着参数 α 值的增大，NTM 替换策略对用户获得请求内容的平均请求跳数比降低最为明显。

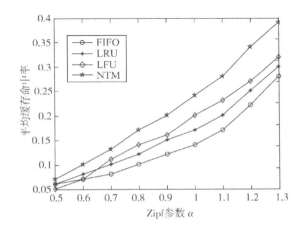

图 4-24　Zipf 参数 α 变化对平均缓存命中率的影响

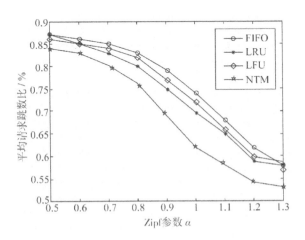

图 4-25　Zipf 参数 α 变化对平均请求跳数比的影响

4.4 小结

本章从研究背景、内容中心网络缓存决策策略、内容中心网络缓存替换策略3个方面对内容中心网络缓存机制的相关研究进行阐述。在研究背景中，首先介绍了内容缓存技术的演进，从"以主机为中心"变为"以内容为中心"；然后介绍了内容缓存技术的特征，主要表现在缓存泛在化、缓存透明化、缓存细粒度化，以及缓存处理线速化；最后介绍了内容缓存技术面临的问题，主要包括5个方面：节点缓存空间分配、请求内容的缓存决策、节点暂态缓存利用、差异化缓存和内容分发，以及隐私泄露。在内容中心网络缓存决策中，首先介绍了目前主流的缓存决策策略的工作机制；然后介绍了本书团队研究的基于势能的缓存决策策略，包括工作原理、算法描述及特性描述，通过实验结果验证所提出的基于势能的缓存决策策略具有较好的优越性；最后介绍了本书团队提出的基于节点情景度的缓存决策策略，通过建模、算法实现及仿真实验验证所提策略优于目前主流的3种缓存决策策略。在内容中心网络缓存替换策略中，首先介绍了缓存替换策略的相关概念；然后介绍了本书团队研究的基于势能冷却的缓存替换策略，包括势能定义、内容信息表、核心思想及算法实现，并且通过仿真实验验证所提方法在缓存替换方面具有较好的性能；最后，介绍了本书团队提出的基于通告转移的缓存替换策略，包括活动路径建立、基于活动路径的通告转移机制、通过机制及算法实现，并且通过仿真实验验证了所提方法的优越性。本部分的研究成果将为未来内容中心网络缓存机制的相关研究提供重要的参考及借鉴。

参考文献

[1] Rabinovich M,Spatscheck O. Web caching and replication [M]. Adddision-Wesley Reading,2002.

[2] Hu H,Wen Y,Chua T S, et al. IEEE International Conference on Multimedia & Expo [C]. Community based effective social video contents placement in cloud centric CDN network,2014.

[3] Cisco System. Cisco Visual Networking Index (VNI): Forecast and methodology,2014-2019 [EB/OL]. 2015,http://www.Cisco.com.

[4] 兰巨龙,胡宇翔,张震,等. 未来网络体系与核心技术 [M]. 北京:人民邮电出版社,2017,2:6-8.

[5] 滕明埝. 命名数据网络中数据缓存策略研究 [D]. 重庆:重庆邮电大学,2016.

[6] 张国强,李杨,林涛,等. 信息中心网络中的内置缓存技术研究 [J]. 软件学报,2014,25(1):154-175.

[7] Arianfar A,Nikander P. Packet-Level caching for information-centric networking [C]. Proc. of the Re-Architecting the Internet Workshop,2010.

[8] Arianfar S,Nikander P,Ott J. On content-centric router design and Implications [C]. New York: ACM,2010.

[9] Jacobson V,Smetters D K,Thornton J D,et al. Networking named content [C]. New York: ACM,2010.

[10] Carofiglio G,Gallo M,Muscariello L. Bandwidth and storage sharing performance in information centric networking [C]. New York: ACM,2009.

[11] Breslau L,Cao P,Fan L,et al. Proc. of the IEEE INFOCOM'99 [C]. Web caching and Zipf-like distibutions,1999.

[12] Hefeeda M,Saleh O. Traffic modeling and Proportional partial caching for peer-to-peer systems [J]. IEEE/ACM Trans. on Networking,2008,16(6): 1447-1460.

[13] 朱轶,糜正琨,王文鼐. 一种基于内容流行度的内容中心网络缓存概率置换策略 [J]. 电子与信息学报,2013,35(6):1305-1310.

[14] Psaras I,Chai W K,Pavlou G,et al. Proceedings of the second edition of the ICN workshop on Information-centric networking [C]. Probilistic in-network caching for information-

centric networks, 2012.

[15] 罗熹, 安莹, 玉建新, 等. 内容中心网络中基于内容迁移的协作缓存机制 [J]. 电子与信息学报, 2015, 37(11): 2790-2794.

[16] 葛国栋, 郭云飞, 刘彩霞, 等. CCN 中基于业务类型的多样化内容分发机制 [J]. 电子学报, 2016, 44（5）: 1124-1131.

[17] 夏磊, 王雷, 张成晨, 等. 内容中心网络的分层缓存策略研究 [J]. 微电子学与计算机. 2016, 33(2): 22-26.

[18] Kim Y, Yeom I. Performance analysis of in-network caching for content-centric networking [J]. Computer Networks, 2013, 57(13): 2465-2482.

[19] Rossini G, rossi D. IEEE 17th International workshop on CAMAD, Barcelona, Spain [C]. A dive into the caching performance of Content Centric Networking, 2012.

[20] Laoutaris N, Zissimopoulos V, Stavrakakis I. On the optimization of storage capacity allocation for content contribution [J]. Computer Networks, 2005, 47(3): 409-428.

[21] Kamiyama N, kawahara R, Mori t, et al. IEEE international Conference on Communication, Cape Town, South Africa [C]. Optimally designing capacity and location of caches to reduce P2P traffic, 2010: 1-6.

[22] Jiang A, Bruck J. 2nd IEEE International Symposium on Network Computing and Applications, NCA 2003 [C]. Optimal content placement for en-route web caching, 2003.

[23] Psaras I, Wei K C, Pavlou G. 2nd ACM SIGCOMM 2012 Information-Centric Networking Workshop, ICN 2012 [C]. Probabilistic in-network caching for information-centric networks, 2012.

[24] Bernardini C, Silverston T, Festor O. 2013 IEEE International Conference on Communications (ICC) [C]. MPC: Popularity-based caching strategy for content centric networks, 2014.

[25] Kim D, Lee S W, Ko Y B, et al. Cache capacity-aware content centric networking under flash crowds [J]. Journal of Network & Computer Applications, 2015, 50(C): 101-113.

[26] Wei Y, Xu C, Mu W, et al. International Conference on Networking & Network Applications [C]. Cache Management for Adaptive Scalable Video Streaming in Vehicular Content-Centric Network. 2016.

[27] Ming Z, Xu M, Wang D. Proc of conference on computer communication workshops. [s.1.]: IEEE [C]. Age-based cooperative caching in information-centric netwoeks, 2012.

[28] 崔现东,刘江,黄韬,等.基于节点介数和替换率的内容中心网络网内缓存策略 [J].电子与信息学报,2014,36(1):1-7.

[29] 芮兰兰,彭昊,黄豪球,等.基于内容流行度和节点中心匹配的信息中心网络缓存决策 [J].电子与信息学报,2016,38（2）:325-331.

[30] 曾宇晶,靳明双,罗洪斌.基于内容分块流行度分级的信息中心网络缓存策略 [J].电子学报,2016,44(2):358-364.

[31] Tang X,Chanson S T.Coordinated en-route Web caching [J].Computers IEEE Transactions on,2002,51(6):595-607.

[32] 刘外喜,余顺争,蔡君,等.ICN 中的一种协作缓存机制 [J].软件学报,2013,24(8):1947-1962.

[33] Li Z,Simon G.IEEE International Conference on Communications [C].Time-Shifted TV in Content Centric Networks: The Case for Cooperative In-Network Caching,2011.

[34] Laoutaris N,Syntila S,Stavrakakis I.IEEE International Conference on Performance,Computing,and Communications [C].Meta algorithms for hierarchical Web caches,2005.

[35] Wei Koong Chai,Diliang He,Ioannis Psaras,et al.Cache "less for more" in information-centric networks (extended version) [J].Computer Communications,2013,36(7):758-770.

[36] Ling Q,Xu L,Yan J,et al.An adaptive caching algorithm suitable for time-varying user accesses in VOD systems [J].Multimedia Tools & Applications,2015,74(24):11117-11137.

第 5 章
Chapter 5

内容中心网络安全机制研究

CCN 是一种革命性的网络结构，采用内容路由、网内缓存等技术提高网络中的内容分发效率，但其自身的结构特点使之面临很多的安全威胁。本章首先通过对 CCN 工作机制的研究，分析现阶段内容中心网络面临的安全威胁；其次总结上述问题的解决方案及各自的优缺点；最后提出针对内容中心网络节点路由安全的保护方案，并对未来的研究方向进行展望。

5.1 内容中心网络面临的安全威胁

本节阐述当前针对内容中心网络的内容非授权访问、用户隐私泄露、兴趣包泛洪攻击等一系列安全威胁，对现有的解决方案进行分析，并且比较其优缺点。

5.1.1 内容非授权访问

非授权访问是指以未授权的方式使用网络资源，主要形式包括假冒、身份攻击、非法用户进入网络系统进行非法操作、合法用户以未授权的方式进行操作等[1]。例如，没有预先经过系统同意，有意避开系统访问控制机制，对网络设备及资源进行非正常使用，或者擅自扩大权限、越权访问信息等，这些都会被看作非授权访问。

在内容中心网络中，移动节点和固定网络端路由节点之间的所有通信都是通过发送兴趣包来传输的。而兴趣包是开放的，任何具有适当攻击设备的人都可以通过窃取兴趣包与数据包获得其中传输的消息，甚至可以修改、插入、删除或重传兴趣包与数据包中传输的消息，达到假冒合法用户身份以欺骗客户端的目的。显然，路由节点的不安全因素主要包括缓存污染、身份假冒及篡改数据，这些不安全因素可能导致许多不同类型的攻击。根据攻击类型的不同，又可以分为非授权访问数据类攻击、非授权访问网络服务类攻击，以及威胁数据完整性攻击三大类。

（1）非授权访问数据类攻击。非授权访问数据类攻击的主要目的是获取在路由节点中传输的用户兴趣包与数据包，具体攻击方法如表 5-1 所示。

表 5-1 非授权访问数据类攻击

攻击种类	攻击意图	攻击方法
窃听用户数据	获取用户通信内容	窃听 CCN 中的数据传输信道
窃听密钥数据	获取密钥信息和其他有利于主动攻击的信息	窃听 CCN 中密钥传输信道
恶意跟踪	获取用户身份和位置，实现恶意跟踪	假冒已授权用户，要求数据拥有者传输消息
被动传输流分析	猜测用户通信内容和目的	观察和分析传输信道中信息传输的时间、长度、速率、初始位置和目的位置
主动传输流分析	获取访问信息	主动发出恶意兴趣包，分析信道中传输的时间、长度、速率、初始位置和目的位置

（2）非授权访问网络服务类攻击。在非授权访问网络服务类攻击中，攻击者通过假冒一个合法移动用户和身份来欺骗路由节点，获得授权访问网络服务，逃避责任，并且由被假冒的移动用户替攻击者承担责任。非授权访问网络服务类攻击的实现方法有很多，其中一种常见的方法为：攻击者先假冒一个授权用户向一个数据拥有者发出兴趣包连接请求，当攻击者与数据拥有者成功完成身份认证过程后，攻击者劫持路由节点与数据拥有者的通信连接，

非法访问网络服务。

（3）威胁数据完整性攻击。威胁数据完整性攻击的目标是无线接口中的用户数据流和信令数据流，攻击者通过修改、插入、删除或重传这些数据流来实现欺骗数据接收方的目的，达到某种攻击意图。例如，攻击者通过修改信令控制信道中的加密算法协商信息，可以使移动站与网络端之间无法就加密算法取得一致，迫使双方放弃使用加密算法保护即将传输的数据。这样不仅有利于攻击者窃听移动用户的通信内容，也有利于攻击者成功地进行假冒攻击。

CCN 将内容数据视为核心要素，且内容的多个副本可以存放在网络中的不同位置。该机制有效地提高了网络中的内容分发效率，尤其是高流行度内容的分发效率。但是，这种机制也带来了内容非授权访问的安全威胁。由于一旦内容被分布出去，就脱离了发布者的控制，攻击者通过接收其他节点的兴趣包就可以获取其中的内容名字，进而获取内容。例如，网络中具有版权保护要求的视频只有在用户被授权后才能观看，而 CCN 中的缓存机制使得授权视频访问控制中的版权保护难以有效实施。传统保护视频版权的技术（如数字水印）只能用来验证视频属于该视频发布者，而不能用来保护视频的版权。

5.1.2 用户隐私泄露

从用户角度，通俗地讲，用户的隐私保护是指攻击者可能知道目标用户发布或访问了信息，但不知具体信息内容；或者攻击者可能知道有人访问或发布了一些信息，但不知道访问者或发布者的身份、位置、时间等信息属性。总之，对于隐私信息，攻击者要么仅能获取信息参与者的信息，要么仅能获取信息的内容本身，不能同时获取两者。

1. 用户的通信隐私

在 CCN 中，用户的通信隐私主要是指用户保护自己通信的内容或通信的对象不被无关人员获知的权利。在 CCN 中，对用户的通信内容，用户可以选择中间缓存不存储。因为 CCN 在时间与空间上都解耦了发送者和接收者，而且没有固定的对端地址，所以用户通信关系的隐私很难被窃取。

2. 用户的内容发布隐私

在 CCN 中，用户的发布隐私主要是指用户发布的内容本身、内容的名字及发布者签名不被攻击者获知的权利。这里的难点是发布者发布内容的名字及其签名的隐私。在 CCN 中，使用的是人可读的名字，并且名字必须被路由协议所知；根据路由协议进行转发，而签名是 CCN 中必须采用的机制。发布者的位置则相对不会被获知，因为内容本身与位置无关[2]。

3. 用户的内容检索隐私

在 CCN 中，用户的检索隐私主要是指内容消费者获取内容的隐私，包括消费者的名字、获取内容的信息及检索内容的名字。这里的难点也是用户检索内容的名字易被获知，而获取的内容如果不被内容发布者加密（发布者不认为是自己的隐私），其隐私也极易被网络运营商获取，因为消费者没有办法对索取的内容加密。需要注意的是，发布者对用户的隐私侵犯相对较难，因为用户可能不是从内容发布者处取得内容的，而是直接从中间缓存处取得的。并且，即使用户从发布者处获取内容，发布者也很难通过兴趣包获得用户的身份信息。

从图 5-1 中也可以看出，邻居用户（连接到 CCN 路由器的用户）能够对用户的检索隐私造成威胁。邻居用户可以通过探测访问某内容的响应时间，从而判断其邻居是否访问过该内容。

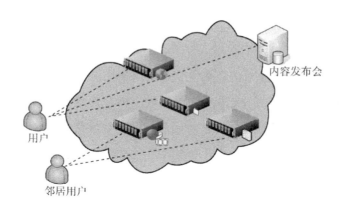

图 5-1　内容消费者请求内容的情况

4. 命名机制对隐私的影响

命名本质上是对事物的一种抽象标识，也可以说是一种映射（一般是从高维空间到低维空间的映射），或者说是一种编码。在一个网络中，对基本对象节点的确定与命名是十分重要的。例如，在 IP 网络中，基本对象确定为主机，而对主机的命名采用 IP 地址的方式；而在 CCN 中，基本对象确定为数据，则必须设计对数据的命名方式，该命名是为了表示、检索、发布数据，因此该方案必须有利于路由、扩展等。在 CCN 中，数据的命名在整个体系结构中的地位就像当今互联网中主机的命名（IP）一样重要。CCN 路由协议是根据命名建立路由表的，其路由器也是根据内容命名找到相应内容的。如果有合理的命名方案、合理的发布数据结构及合理的路由，便很容易在 CCN 上实现 Tim Berners-Lee 提出的关联数据（Linked Data）设想。关联数据可以极大地提高互联网上数据的应用能力，但也会给隐私提出一定的挑战。CCN 中的命名特征有两种：一种是采用人可读的命名方案，且是与内容本身语义相关的，类似于 HTTP 协议的命名，名字的各组成部分也是通过"/"分隔开的，整个名字应该是独一无二的；另一种是命名的各组成部分都是可变长的，不像 IP 对主机的命名。

CCN 对数据命名的机制，对用户的隐私有很大的影响，尤其当命名的语义和内容相关时，攻击者可以通过监听兴趣包和数据包的名字信息获知消费者请求的信息，或者发布者发布的内容。即使名字可以被发布者加密或设计成与内容语义无关的信息，攻击者也可以很方便地重放同一个兴趣包，以取得同样的内容。

5. 数据签名机制对隐私的影响

签名本质上是为了信任。为了建立一种可信关系，有很多种方法，而 CCN 利用的是签名方法，带签名的数据发布可以极大降低网络欺骗。在 CCN 中，数据的名字是独立的，与发布和存储都无关，因此，建立名字和数据间的验证是很有必要的。每个数据包必须带有发布者的签名，以确保接收者能确定接收的数据就是他想要的请求数据。虽然 CCN 数据包签名的验证是可选的，但每个数据包的签名要求必须能被所有内容消费者验证，因此，数据包中除了包含内容发布者签名，还需指明验证签名的公钥或发布者 ID 等信息。解决签名隐私的方法主要是群组签名方案（Group Signature Schemes）。在群组签名方案中，群组的任何成员都能够代表群组进行签名，且只有群组内的成员才能代表群组签名，但具体签名者的身份是秘密的。假设在 CCN 中，某群组有 n 个成员，群组管理者为 GM（Group Manager）。同时，假设群组签名协议的实现也是基于固有的个人签名，其群组签名协议可以设计如下。

① GM 产生 $n \times m$ 个公开密钥/私人密钥对。

② GM 给每个成员 m 个不同的唯一的私钥表。

③ GM 以随机顺序公开 $n \times m$ 个公钥。

④ 每个成员随机选择另一个成员，交换私钥表（基于固有个人签名）。

通过上述方法，成员在发送数据时，可用群组签名，以取代固有个人签名。从而确保了用户的隐私，即使 GM 也无法知道签名者是谁。

6. 缓存机制对隐私的影响

缓存机制是计算机领域中一个非常重要的提高信息交换性能的设计，以廉价的空间代价换取稀缺的时间，但是命中率为 0 的缓存是没有作用的。另外，网络内缓存还可以提高整个网络带宽的利用率，并大大减小了网络节点故障对用户的影响，因为网络中有很多可能的备份。CCN 的缓存机制对用户隐私的影响主要有两个方面：一是请求者的信息检索隐私，攻击者通过测量请求数据的响应时间，可以判定一个给定的信息是否被缓存在一个节点上，从而得知相邻用户是否访问了该信息；二是内容本身的隐私，攻击者只要知道一个数据的名字，就能获得相应的信息。CCN 采用缓存机制，几乎不存在内容提供商对用户隐私的分析，即相对于 IP 网络，对用户的隐私威胁由内容提供商转变为网络中的其他用户。

文献[3]中作者提出了 Cache Snooping 攻击，攻击者与受害者连接在同一个 Cache 中，攻击者可以获取缓存所有内容，监控缓存对象的访问，复制其他通信会话。通过测量对不同内容（是否在 Cache 中）的响应时间，攻击者可以确定一个内容是否在缓存中。除了这种方法，根据 CCN 的前缀匹配和 Interest 的排他域，一个攻击者可以在事先不知道内容的名字的前提下，获取一个 Cache 中的所有内容。如果一个攻击者事先了解了会话的后续数据项目，那么他可以获取这些内容并重建整个会话，即使整个内容已经被加密了，攻击者依然可能通过不安全的旁路信道找到有价值的信息。此外，缓存机制对用户的发布隐私也有很大的威胁，一旦内容被发布，则发布的内容不再由发布者控制。

5.1.3 兴趣包泛洪攻击

在内容中心网络的路由器中，待定请求表（PIT）需要实时地维护通信状态，这就给了攻击者可乘之机，攻击者利用该特点泛洪大量非法恶意兴趣包占用其内存空间，或者快速无节制地泛洪大量合法兴趣包使得其内存空间一直处于饱和状态，从而达到攻击网络使得网络拒绝新服务的产生而降低网络服务性能的目的。因此，攻击者能够针对 PIT 的状态来实施有效的 DoS 攻击，术语称为兴趣包泛洪。在这种攻击中，假设攻击者使用大量的僵尸网络生成大量的间隔很近的兴趣包，目的是使路由器中的 PIT 溢出，阻止它们处理合法兴趣包，或者使具体的内容发布者瘫痪。由于兴趣包没有携带源地　址，并且没有通过设计者担保（如没有签名），因此无法直接明确攻击源并采取相应措施[4]。

CCN 中的 PIT 在降低网络负载的同时，也在一定程度上增加了路由器的工作负担。第一，兴趣包基于 FIB 进行转发，同时兴趣包状态也将记录在 PIT 中用于指导对应数据包的反向转发，因此兴趣包的转发过程需要占用路由器的内存资源；第二，每个兴趣包或数据包到达时，均触发路由器 PIT 表项的添加、删除等更新操作，也会占用路由器资源；第三，若兴趣包无法找到相应的内容数据包，则该兴趣包在 PIT 中的对应表项将一直保存，直至表项生存时间超时（一般而言，该时间远大于网络的内容获取平均往返时延，这增加了 PIT 对路由器资源的占用时间）。因此，攻击者泛洪大量的恶意兴趣包非法占用路由器待定请求表的内存空间，以达到攻击内容中心网络并降低其网络性能的目的。CCN 中的恶意兴趣包主要分为两类：虚假兴趣包与真实兴趣包。虚假兴趣包是指携带伪造名字的兴趣包，无法从网络中获取对应的数据包，从而实现长时间占用路由器待定请求表内存资源的目的；真实兴趣包是携带真实名字的兴趣包，但名字信息却不断发生变化，即通过类似"轮询"的方式大量取回数据包，实现恶意拥塞网络链路的目的。相应地，使用前一种兴趣包进行攻击的方式称为虚假兴趣包泛洪攻击，而使用后一种兴趣包进行攻击的方式称为真实兴趣包泛洪攻击。

针对兴趣包泛洪攻击这种易于发动、典型且危害较广的攻击，大量学者对其进行了研究，逐渐成为网络安全领域的研究热点。文献[5]中分类总结了内容中心网络存在的拒绝服务攻击：降低缓存有效性的拒绝服务攻击（如缓存污染攻击）、对节点路由器可用内存资源大量消耗的拒绝服务攻击（如虚假兴趣包泛洪攻击）、消耗网络链路带宽资源的拒绝服务攻击（如真实兴趣包泛洪攻击）等。文献[6]中通过实验分析内容中心网络比较容易受到兴趣包泛洪攻击的危害，因为内容中心网络支持并行查询，内容发布/请求均可导致路由条目及转发状态条目增多，造成路由器的转发负担加重，攻击者容易利用内容中心网络的这一特征来实施攻击行为，但没有提出相应的策略来应对或减弱这种攻击；文献[7]中讨论了内容中心网络中基于兴趣包泛洪的 DDoS 攻击，并提出了该攻击的实验性评估，认为限制资源的攻击者能够使内容对象的带宽分配总量减少到总带宽的 15%~25%，并引入一种新的探测和抑制兴趣包泛洪的机制：Poseidon 机制，该机制依靠本地指标和兴趣包泛洪的早期探测协同技术，使网络在遭受兴趣包泛洪攻击的基础上具有超过 80%的可用带宽。

在虚假兴趣包泛洪攻击方面，文献[8]中针对 DoS-PIT 攻击进行了理论建模，该理论模型能够为内容中心网络分析 DoS-PIT 的危害程度提供帮助，也能够引导并设计对抗 DoS-PIT 的对策，最后利用 ndnSIM 仿真实现并表明该模型具有较高的精确度。仿真结果显示：设置 CS 的大小为网络总内容名目的大约 16.7%和设置 PIT 条目的 TTL 为网络平均 RTT 的 3 倍时，网络的服务性能和用户满足程度较好。文献[9]中设计了 3 种机制以对抗虚假兴趣包泛洪攻击：基于接口公平性的令牌桶机制、基于兴趣包请求内容的获取成功率的兴趣包接收机制和基于兴趣包内容获取成功率的反向反馈机制，这 3 种机制都是基于节点路由器接口的粒度来区分兴趣包的，没有区分在同一接口处进入的兴趣包不同名字的前缀信息，这将导致系统从同一接口进入的兴趣包（包括恶意兴趣包和具有不同名字前缀的合法兴趣包）准入速率全面的错误压制，同样会影响系统的服务效率和用户体验；文献[10]中提出了一种"兴趣包回溯"

(Interest Traceback)机制，该机制回复非法兴趣包的请求，当然回复的内容数据包是伪造的，使得非法兴趣包与合法兴趣包一样，因为收到了对应的内容数据包而使得其在待定请求包中的状态被清除，该机制在回复兴趣包请求后反向定位到虚假兴趣包接入路由器的接口处，从而可以在该接口处利用基于节点路由器的接口粒度来限制非法兴趣包的准入速率，降低虚假兴趣包泛洪攻击对网络的危害，但是仅依靠待定请求表的占用率这一项指标来发现虚假兴趣包泛洪攻击会出现较高的误报率，特别是对于突发网络流量存在的情况。

文献[11]中首先对虚假兴趣包泛洪攻击可能严重危害到内容中心网络做了简单描述，并总结了在这种新型网络中可能造成网络拒绝服务的攻击形式，建议通过统计路由器转发兴趣包的数量信息来尽早地预见虚假兴趣包泛洪攻击的存在，并提出类似于 Push-back 的机制来减弱虚假兴趣包泛洪攻击的危害，但是文献中并没有给出具体的实现算法或机制；针对真实兴趣包泛洪攻击的问题，文献[12]中提出了一种基于双阈值的真实兴趣包泛洪攻击探测方法，双阈值包括基于路由器待定请求表超时条目阈值和网络接口数据流量阈值，该探测方法能够实现对真实兴趣包泛洪攻击的预警功能，从而提高内容中心网络对抗真实兴趣包泛洪攻击的能力。

由以上分析可知，当前兴趣包泛洪攻击对抗方法主要通过将 PIT 使用率、兴趣包满足率等与某个阈值进行对比来检测是否受到攻击，并在此基础上对兴趣包转发进行限制。虽然现有方法能够在一定程度上降低兴趣包泛洪攻击的影响，但是仍有许多问题没有得到解决。例如，PIT 使用率、兴趣包满足率等阈值的确定。现有对抗技术都是在攻击已经对网络造成负面影响的情况下提出的，缺乏良好的预防措施。因此，还需要针对当前对抗技术的不足进行深入研究。

5.2 内容中心网络安全保护机制

5.2.1 隐私保护

Wong 等[13]提出了信息中心网络安全命名方案,这里称该方案为 SN-ICN 方案。SN-ICN 方案为内容发布者和内容消费者之间建立了一种相互陌生的信任关系,并用提出的安全命名系统定位网络中缓存的资源及可以向后兼容当前广泛使用的 URL 机制,从而实现从多个未知或不受信任的缓存中检索内容。SN-ICN 方案中有 3 个主要的组件:权限、内容、位置。其中,权限是对缓存内容直接管理和处理的任何实体,既可以是内容的发布者或内容的生成者,也可以是代理服务器;内容是由内容生成者生成的任何内容或信息,并与权限存储在一起;位置是网络中缓存和定位资源的地址。由于该方案采用兼并 URL 机制,因此在内容检索的时候,内容消费者查询 DNS(域名系统)名字解析为内容的数字证书,通过数字证书提取权限,并向网络订阅自己感兴趣的内容。

对于 SN-ICN 方案,在网络中采用永久数据块标识订阅、检索和匹配内容,增加了订阅和发布内容的灵活性,同时给查看列表攻击、嗅探攻击等带来了便利,并且该方案没有考虑命名系统的可扩展性和查询 DNS 的延迟。张新文等[14]在内容中心网络中设计了基于内容名字的信任和安全保护方案,这里称该方案为 TNTS-CCN 方案。TNTS-CCN 方案是结合公钥基础设施(PKI)和基于身份密码系统(IBC)构建的,并且网络中传输内容消息的完整性和真实性都由 IBC 算法实现。TNTS-CCN 方案以内容名字或名字前缀作为公共身份,以一个用户或设备的身份作为公钥,从而将内容的真实性、完整性与内容的名字或名字的前缀绑定。TNTS-CCN 方案适用于应用层和网络层内容网络的安全和信任的要求。在 TNTS-CCN 方案中,尽管有 IBC 的优势,但 PKI

仍然需要 PKG 和其他网络实体之间的安全通信。此外，使用内容名字前缀作为公钥需要更加精确的匹配，并且要求内容消费者从第三方获得私钥，这削弱了 TNTS-CCN 方案的可用性。

Hamdane 等[15]在命名数据网络中提出了命名数据安全方案，这里称该方案为 NDSS-NDN 方案。NDSS-NDN 方案提出了一种基于分层身份密码系统（HIBC）模型的命名安全方案，首先定义了命名系统的安全传输需求、访问控制及潜在的攻击，再将内容名字和内容绑定以提供内容的安全服务，根 PKG 只负责生成域级中心的私钥，邻域级中心生成用户的私钥。NDSS-NDN 方案要求：①内容发布者的身份与发布的内容名字绑定；②内容发布者的公钥与发布的内容名字绑定；③内容发布者的身份与内容发布者的公钥绑定。NDSS-NDN 方案完全符合命名数据网络结构，并达到了安全命名机制。NDSS-NDN 方案在可扩展性上具有局限性，特别是为了达到安全性增加了密钥长度，并且随着域级层次的加深而增大了计算开销和网络复杂性。

Arianfar 等[16]提出了面向内容网络的隐私保护方案，这里称该方案为 PP-CON 方案。PP-CON 方案利用计算不对称性迫使攻击者对每个请求消息进行重构，使得攻击者执行相当大的计算量，并且内容消费者和内容发布者之间不需要共享密钥和特殊的基础设施，目标是将面向内容网络的隐私向用户平衡。PP-CON 方案不提供有效的隐私保护，但迫使攻击者很难有效地监测大量用户的内容请求消息，主要预防查看列表攻击和内容分析攻击，达到隐私保护的需求。在 PP-CON 方案中没有秘密、没有密钥分发、没有基础设施等几个假设，不适用于 CCN/NDN 网络，并且该方案增加了计算复杂性和通信开销。

Ion 等[17]基于属性加密设计了内容中心网络数据隐私保护方案，这里称该方案为 ABEP-ICN 方案。ABEP-ICN 方案基于属性路由的隐私保护方案来提供隐私信息，并应用了分布式访问策略，同时定义了内容策略，使得设计的方案既具有良好的隐私保护，还具有细粒度的访问控制。ABEP-ICN 方案的基本思想为：①将访问控制策略附加在内容本身上；②在内容分发时强制执行分布式策略；③内容发布者在发布内容时根据内容指定策略。所以，该方案可适用于多用户环境，具有高效的内容分发效率。ABEP-ICN 方案中的分布式访问策略限制了该方案的扩展性，并且验证签名开销大，同时该方案对内容消费者的加入和撤销特别敏感。对上述提出的命名隐私保护机制从方案、加密算法、方法和存在的缺点 4 个方面进行了整理和对比，如表 5-2 所示。

表 5-2　内容中心网络中命名保护机制总结

方　案	加密算法	方　法	缺　点
Wong 等	RSA	公钥摘要	PKG 生成密钥
张新文等	基于身份加密	IBC 签名	扩展性差
Hamdane 等	基于分层身份密码系统	Hash 摘要	签名验证开销大
Arianfar 等	不使用加密算法	计算不对称性	通信开销大
Ion 等	属性加密机制	ABE 签名	计算复杂性大

目前，对 CCN 中的隐私保护研究主要包括两类，即内容发布者身份隐私保护和内容请求者检索隐私保护。

（1）内容发布者身份隐私保护研究现状。文献[18]中提出了基于代理的匿名通信技术 Mixmaster 和 Mixminion，利用单个或多个匿名代理节点，根据其他节点需求对数据包进行加解密、增加冗余等，从而使得数据包与源节点失去关联。但是，基于匿名代理方法的通信延迟较高。Dibenedetto 等[19]提出了一种隐藏内容名字和数据信息的安全机制（ANDaNA），采用洋葱路由思想对数据包进行加密保护，以提供数据包的匿名性并实现网络的隐私保护。ANDaNA 对一个转发路径中的数据包进行多次加密，这些加密的数据包分别由转发路径中的某个中继路由器进行解密，到达数据包的最终接收方。该机制虽然能够有效保护用户隐私信息，但是数据转发过程中的多次加解密将导致传输时延的增加。

（2）内容请求者检索隐私保护研究现状。Ming 等提出了泛在缓存中存在的 3 种隐私攻击模式，并分别分析了攻击执行的条件和具体流程[20]。文献[21]中进一步分析了网络性能与用户隐私的关系，表明用户隐私泄露（特别是内容请求者检索隐私泄露）与缓存策略存在紧密的联系。为降低内容请求者检索隐私泄露风险，Mohaisen 等[22]提出了基于随机延迟的隐私保护方法（Generate Random De-lay，GRD），通过对就近缓存内容的响应时间附加额外时延，使攻击者不能依据数据响应时间执行缓存内容探测，防止信息泄露。但是该方案增加了用户请求时延，导致网络缓存就近响应带来的低时延优势无法发挥。在缓存策略设计时，可以通过局部节点的协作缓存，增大请求者的匿名集合，实现用户隐私保护，但是文献中并没有给出具体的实现机制。葛国栋等[23]在此基础上，提出了一种基于协作缓存的隐私保护方法，通过构建空间匿名区域、扩大用户匿名集合来增大缓存内容的归属不确定性，在进行缓存决策时，依据匿名区域对请求内容的整体需求程度，将应答内容存储在沿途活跃度最高的热点请求区域。在保护用户检索隐私的同时，具有更低的平均请求时延。

目前，CCN 中已有的隐私保护方案主要是通过隔断请求者身份与请求者行为、发布者身份等之间的关联，增加匿名区域来实现的。但是，这些方案没有区分用户需求、内容类型等对隐私保护的需求，在实际中不同用户、不同内容具有不同等级的隐私保护要求。例如，高级用户的隐私内容具有更高的隐私保护要求。因此，需要进一步研究新的隐私保护技术，从而能够根据用户需求、内容类型等因素对用户隐私信息进行自适应保护。

5.2.2 路由与转发安全

拒绝服务（Denial of Service，DoS）攻击仍然是当今内容中心网络中路由与转发安全上的一大潜在威胁。虽然与传统的 IP 网络相比，CCN 解决了很多 IP 网络中内容分发的问题，但是 CCN 依旧可能因为快速发送大量 Interest 而导致 DoS 攻击。这种 DoS 攻击极大地浪费了网络资源，可能导致网络拥塞。本部分首先从传统 IP 网络中的 DoS 攻击引入，介绍 DoS 攻击的分类和防范技术，再分析 CCN 网络中 DoS 攻击产生的具体原因和类型，重点针对 CS 缓存投毒型攻击和兴趣包洪水型攻击进行介绍，并提出检测与调节方案，最后对解决方案性能进行仿真对比。

1. DoS 攻击分类

最早的 DoS 攻击是由单个主机发起的，主要目的是耗尽主机的有限资源。随着网络带宽的提高及主机安全性能的提升，对单一攻击源的 DoS 攻击的检测和防范能力逐渐提升，DoS 攻击不再局限于一个，而是发展成了多个攻击源，即分布式拒绝服务攻击，简称 DDoS 攻击。结合现有的 TCP/IP 网络来看，常用的 DoS 攻击分为以下几种。

（1）反射攻击。反射攻击包括 3 个部分：攻击者、受害主机和一系列的反射主机。攻击者的目的是利用反射主机的业务，填满受害主机的容量通道。为了达到此目的，反射攻击使用伪造的地址发送 IP 报文。具体做法为：首先攻击者用受害者的地址替换报文中的源端地址；然后将这些报文发送给反射主机；最后当反射主机接收到此类报文后，响应的报文将转发给受害主机而不是攻击者，从而阻塞受害主机。为了让攻击更有效，一般需要一定形式的放大。例如，攻击者用来攻击的数据量一定要远远小于受害主机将接收到的数据量。

由于 CCN 中不存在主机的概念，对于这种攻击有着天然的防御功能。因为在 CCN 中 Data 数据包是根据兴趣包请求的路径记录寻找回到请求端的，而不像 IP 网络中根据源端地址返回内容。

（2）带宽消耗。在典型的分布式攻击场景中，受到攻击者控制的僵尸机器会向受害者的机器发送大量的 IP 流量，使得网络资源饱和。这种攻击的目标是使受害主机对于用户来说是不可达的，通俗地说，就是受害主机丧失了通信能力。这些攻击的流量可以是 TCP、UDP、ICMP 等报文，通过以最大的链路速率发送大量的报文造成攻击。例如，在 SIP 攻击方式中，攻击者不停地向代理服务器请求 Invite 和 Register 消息，导致链路带宽被耗尽，造成网络拥塞。

在 CCN 中也可以通过发送大量的兴趣包，使得内容生产者回复大量的数据包，占用大量的带宽，使得合法用户的服务受到影响。由于中间路由器上缓存的存在，这种攻击的效果不明显，但攻击者还可以通过耗尽路由器上的资源，从而达到攻击的目的。

（3）前缀劫持。在前缀劫持攻击中，一个被错误配置、恶意的自治系统宣告不属于自己的路由前缀，使得不同网络自治区域之间正常的流量传递关系被扰乱。例如，前缀劫持可以产生路由黑洞，使网络中某个前缀的流量全部导向被攻击的自治区域，最终被丢弃。它还可以使网络中某些不经过攻击者的流量前缀改变，最终经过攻击者被发送到其他网段。还有一种是使流量变成一段环路，这种攻击在现有的 IP 网络中是十分有效的，路由信息被篡改是很难通过路由器检测出来的，因此这种攻击难以恢复。尽管在文献[37]中已经提到了解决方案，但这个问题始终是互联网上的一大威胁。对于这种前缀劫持攻击，在 CCN 中也是很容易实现的。CCN 的路由器上的前缀也很容易被篡改，导致流量被改变，但 CCN 中存在可以向多个端口转发的策略，一个端口的前缀被改变可以选择其他端口转发，攻击的影响变小。

（4）DNS 缓存投毒。在互联网中，DNS 服务器能够将 IP 地址转换为便于人们识别的名字，反之亦然。DNS 服务器通常将上一次请求保存输出在其缓存中，有一个众所周知的攻击，被称为 DNS 缓存投毒。这种攻击使攻击者插入被破坏了的内容条目，从而控制了 DNS 服务器，DNS 服务器使用这些被破坏了的内容响应用户。针对这种攻击，最有效的对策是使用 DNS 安全扩展协议，即 DNSSEC，但是 DNSSEC 一直没有被广泛部署在当今互联网上。

2. DoS 攻击的防范措施

DoS 的攻击形式是多种多样的，并且危害极大，不仅可能降低服务质量，还可能使系统瘫痪。因此，DoS 攻击的检测及后续的防范，也是个十分重要的问题。传统防范 DoS 攻击的技术主要有加固操作系统、利用防火墙、采用负载均衡等。加固操作系统对于资源耗尽型的攻击是十分有效的。常用的两种防火墙算法有著名的 Random Drop 算法与 SYN Cookie 算法。第一种根据网络流量上限值丢弃报文，第二种是针对 SYN 攻击的，主要是对 TCP 协议进行加强处理。负载均衡技术是利用分布式思想，将应用的业务进行分流。

以上传统方法对于结构单一、独立的 DoS 攻击在一定程度上有效。但随着 DDoS 攻击的使用，攻击的类型也变得多种多样，上面提及的这几种防范措施难以应对，对预防多种类型 DoS 攻击的新技术的需求也变得迫切。

3. CCN 网络中 DoS 攻击的产生与分类

我们认为，对于任何一种新的网络结构来说，都要有应对 DoS 攻击的能力。新的网络结构至少要求能抑制 DoS 攻击的有效性，并根据其网络特性预测新的攻击形式，以便在设计中配置有基本的防御措施，CCN 也不例外。对于 CCN 来说，DoS 攻击确实存在，如何应对 CCN 中的 DoS 攻击是十分重要的。本部分着重介绍现有 CCN 网络中的 DoS 攻击的产生、带来的影响，以及一些防范措施。上面所讨论的 DoS 攻击种类很大程度上都依赖于现有的

TCP/IP 网络，如 HTTP、DNS 等协议，但是 DoS 攻击的最终目的是让被攻击的主机无法正常工作，从而拒绝正常服务，这种攻击也可以延续到 CCN 网络中。

根据 CCN 网络的特性，最容易实现的 DoS 攻击有两种：一种是缓存投毒型攻击；另一种是洪水型攻击。它们分别与 CCN 中内容存储（CS）和待定请求表（PIT）两个要素紧密相关。

（1）缓存投毒型攻击。这里将重点集中到以内容为目标的 DoS 攻击。在这种情况下，攻击者的目标是使路由器转发和缓存被损坏或伪造的数据包，从而防止用户获取合法的内容。如果数据包的签名无效，就认为它被损坏了。伪造的数据包指它拥有一个有效的签名，却产生了错误的（私有）密钥。已知在 CCN 中的每个数据包都带有签名，这为 CCN 的通信提供了很多安全保障：一个有效的数字签名保证了数据包的完整性；绑定到签名者公钥的签名是唯一的，无论内容是否从发布者那里获取，任何人都可以验证它；将数据包名字和签名绑定，能让用户安全地鉴定该数据包是否为兴趣包请求的内容。用户希望在接收数据包之前进行签名验证，任意 CCN 路由器都可以对其上转发或缓存的数据包进行签名验证。当接收或鉴别出数据包是一个被损坏的或者伪造的时，用户可以利用兴趣包中的扩展域，重新请求一个相同的数据包的不同副本。从理论上讲，因为"坏"内容很容易通过签名验证识别，内容签名提供了一种有效且简单的检测缓存投毒型攻击的方法。换句话说，理论上 CCN 应该是不会遭到缓存投毒型攻击的。但是从实践中看，这种说法可能不成立，虽然用户能验证所有内容的签名，CCN 路由器依然面临着以下两大挑战。

①签名验证开销。CCN 路由器对其转发或缓存的数据包进行签名验证，验证过程有很多验证算法，路由器的处理速度可能达不到处理需求，这种处理开销是很大的。

②信任管理。信任管理是指用什么样的密钥来验证一个给定的数据包。

没有信任管理机制，路由器不能确定需要验证数据包签名的公钥。信任管理使灵活性（应用程序可以对其内容采用任意的信任模型）和安全性（任意 CCN 路由器必须能够验证任意数据包的签名）之间得到平衡，即使每个 CCN 的数据包都包含一个签名验证密钥的参考值，这样的参考也不能完全被信任，因为它可能被攻击者利用，使内容成为攻击者的目标。对于以上两种攻击形式的应对措施，都应该从加强兴趣包和数据包之间的签名认证入手，本部分主要是从拥塞和流量控制上来看 DoS 攻击，所以对这种签名认证技术暂不讨论。还有一种情况是攻击者产生大量的数据包注入 CS 进行缓存，这样占据了 CS 的空间，使得真正流行的内容可能并没有机会被存下来。对于这种情况，在没有用户请求时，该内容就不会被取回，影响不大，但是如果该内容被重复请求，就会占用缓存，导致合法用户的内容得不到缓存，另外，大量的攻击流量可能造成网络拥塞。关于这种场景下缓存填充型的 DoS 攻击，将在后续提出解决方案。

（2）兴趣包洪水型攻击。CCN 中的数据包根据 PIT 中记录的对应 Interest 和相关端口信息路由返回源端，并且会消耗中间路由器上的内存资源。攻击者可以利用这个状态进行一次有效的 DoS 攻击，即兴趣包洪水攻击。这种攻击的目的是发送大量名字相近但又不同的兴趣包请求，阻止其处理正常用户的请求，最终导致网络过载、合法用户服务中断。对于分布式的攻击源，由于 CCN 路由器的聚合功能，相同的兴趣包只存了一份，理论上使得 DDoS 攻击变得困难。但是如果攻击者发送大量不同的兴趣包的话，PIT 会将其都存下来，PIT 无法判断这种来自攻击者的兴趣包是正常的消息还是欺骗消息。相比于对 CS 的缓存投毒型攻击，它更为直观地影响了服务质量和后续的兴趣包处理。

①兴趣包洪水型攻击的产生。兴趣包洪水型攻击的主要目标是 CCN 路由器上的 PIT，目的是耗尽 PIT 的资源使其无法为合法用户服务。由于 PIT 被填满，这种攻击将合法的兴趣包都阻塞了，正常用户的请求将会有很高的概

率被拒绝；同时路由器和服务器浪费了大量的时间去处理异常兴趣包，增加了处理的系统开销。CCN 网络通过名字来获取内容，一个攻击者不可能过早指定路由器或终端为攻击目标，但是，攻击者可以指定特定的名字空间为攻击目标。例如，假设内容生产者是名字空间"/uestc.edu.cn/video"的唯一拥有者，路由器 B 和内容生产者都会收到名字为"/uestc.edu.cn/video/……"的所有兴趣包，因为这些包在中间路由器上都没有得到缓存（假设攻击者每次发送的兴趣包都是唯一且不重复的，内容生产者也是唯一的）。与传统网络中的包一样，CCN 中的兴趣包也会占用网络资源。大量的兴趣包请求会导致网络拥塞，并且可能导致合法用户的请求被丢弃。CCN 路由器上记录了每个转发兴趣包的状态，大量恶意兴趣包导致路由器内存耗尽，从而使得路由器不能再为合法用户的兴趣包提供新 PIT 条目记录端口信息，造成服务中断。大量恶意兴趣包通过两种方式破坏 CCN 网络的服务质量：一种是制造网络拥塞；另一种是耗尽路由器的资源。制造一次兴趣包洪水型攻击并不容易，针对特定的名字空间，攻击者必须满足一定条件，即兴趣包要尽可能被路由且逐渐靠近内容生产者；兴趣包到达路由器时，对应的 PIT 条目立刻得到创建，且 PIT 中的信息保存得越久越好。在中间路由器没有缓存对应兴趣包时，第一个条件能够得到满足，兴趣包对应的内容在 CS 中有缓存就不会往上游转发；第二个条件要求每个恶意兴趣包只请求唯一的内容 PIT 的聚合功能，使得所有请求相同内容的兴趣包都只有一个 PIT 条目。

根据请求内容名字的类型，将兴趣包泛洪攻击分为 3 类：第一类，已经存在或静态的；第二类，动态产生的；第三类，不存在的。这些情况都由攻击者利用僵尸主机向内容生产者发送请求。第一类和第三类主要针对网络设备，第二类影响了网络和应用的性能。

当网络内部路由器上缓存存在时，第一类攻击的影响变得很小，如有很多台僵尸机器，每个到目标内容生产者的路径都是独立的。当第一次攻击后，内容都被存在了中间路由器上，后续请求相同内容的兴趣包会从中间路由器上取回内容的副本而不需要到达内容生产者。所以这种类型的攻击只在第一次攻击时有效，对后续攻击带来的影响并不大。对第二类攻击来说，缓存的作用失去了优势。因为请求的内容都是动态的，所有的内容都会被路由到内容生产者，需要消耗带宽资源和 PIT 状态。如果需要产生大量动态内容，内容生产者将浪费很多计算资源。最直接的影响是在满足合法用户的同时，内容生产者也浪费了资源满足非法用户。路由器上的影响随着到目标内容生产者的距离的变化而变化，即路由器越靠近内容生产者，攻击流量越集中，对 PIT 的影响越大。对第三类攻击来说，这种请求不存在内容的攻击方式对内容生产者的消耗较小。其主要是快速填满路由器上的 PIT，在攻击者兴趣包过期之前，路由器都无法为正常用户服务。给定一个前缀/uestc.edu.cn/prefix，有很多种方法构造一个无法得到回复的请求：

a. 将兴趣包中的名字设定为/uestc.edu.cn/prefix/nonce，nonce 值为一串随机值。CCN 遵循最长前缀匹配，这种兴趣包能被转发到内容生产者且不会回复对应内容；

b. 将名字中签名信息公钥字段填充为一串随机值，从而使内容生产者兴趣包无法得到验证也不会回复对应内容。

总体上看，第三类攻击中在内容名字后构造随机值的方式相对简单，在接下来的仿真实验假设中，也用到了这种特殊的攻击命名方式，不仅因为它对于每个恶意兴趣包危害最大，还因为它对于所有的名字空间都是比较容易实现的。

②兴趣包洪水型攻击的应对措施。从 CCN 路由器上能够获取很多有用的状态信息。对于兴趣包洪水型攻击，可以从路由器状态信息上进行统计分析，提出防范措施。路由器上的统计路由器很容易就能记录未得到满足的兴趣包数量，根据这个值可以限制以下参数。

a. 每个输出端口上待定兴趣包的数量。CCN 中兴趣包和数据包是保持流平衡的，也就是一个兴趣包最多只能被一个数据包满足。根据这个原则，路由器上可以计算待定兴趣包请求超时前，每个输出端口上兴趣包请求能被下游满足的数量上限。这个值可以根据相应链路的延时带宽积、兴趣包超时时间和平均数据包长度来计算，路由器严格按照这个值限定兴趣包转发。

每个输入端口上兴趣包的数量同样依据流平衡原则，根据下游链路的物理限制，路由器可以检测下游路由器是否发送太多的兴趣包，造成路由器处理速度达不到要求，以至于多余的兴趣包都无法得到满足。

b. 每个名字空间待定兴趣包的数量。这种统计类似于每个输出端口上待定兴趣包的数量的统计，但是兴趣包是根据每个名字空间划分的，而不是根据输出端口划分的。路由器检测每个前缀在 PIT 中未被满足的数量，发现异常后就限制这个前缀对应端口兴趣包的数量。虽然以上措施看上去直观有效，但是实现和测试是很困难的。如何根据这 3 种算法制定策略，寻找最有效的参数应对攻击，以减小对合法用户的损害，是一个巨大的挑战。一种显著的对抗兴趣包洪水型攻击的办法就是根据这些统计值限制转发到网络的兴趣包的数量。为了达到这个目的，可以利用 CCN 网络中的一个基本规则兴趣包和数据包之间的流平衡。这个规则使中间路由器能够通过控制转发兴趣包的数量达到控制内部数据流量的目的。一种简单的实现技术是在 CCN 路由器中根据当前端口实际的物理链路容量来限制每个端口转发兴趣包的数量。这种技术实际上就是现有 IP 网络中著名的令牌桶算法的一种改进。类似于令牌桶算法，CCN 路由器能够记录数据包的量（通过转发兴趣包的数量来进行估计），一旦达到链路容量限制后，路由器将不会对新到达的兴趣包进行转发。

每个链路的令牌数量（待定兴趣包的数量）是与链路的时延带宽积（BDP）成正比的。根据下面这个公式来计算。

$$兴趣包限制 = 时延（s） \times \frac{带宽（Bytes/s）}{数据包大小（Bytes）} \tag{5-1}$$

式中，时延指兴趣包得到对应数据包回复的预期时间，数据包大小是对应返回数据包的大小。这两项指标在一开始是不知道的，但不是必须要知道它们的确切值，可以根据平均往返时间和已知数据包大小来设定令牌数量，这样网络的缓冲区大小才会平滑的波动。

③回退机制。回退机制是一种基于路由器的应对兴趣包洪水型攻击的解决方案。回退机制允许路由器隔离攻击源，当路由器检测到了一个特定名字空间正在受到攻击（例如，达到了某个端口上特定名字空间的 PIT 上限），它将抑制该名字空间的新到达兴趣包，并通知与该端口相连的所有端口。这些路由器将通过上游把这些信息从被攻击端口扩散出去，同时限制被攻击的兴趣包的转发速率。这种解决方案的目标就是将一个攻击一步步地回退到攻击源，或者至少回到能检测到攻击的地方，并且它的实现是不需要对 CCN 的结构做任何改变的。在文献[24]中，作者介绍了一种基于满足率的回退机制，并验证了它在不同环境下能够抑制攻击流量，并且具有良好的稳定性。

5.2.3 缓存安全

1. 缓存污染攻击研究现状

由于 CCN 特有的缓存机制，导致缓存污染攻击在 CCN 中的危害性高于 IP 网络。缓存污染攻击主要是指攻击者通过请求大量合法的但并非用户需要的内容（如各类低流行内容或特定类别内容），达到缓存污染的目的。部分研究者将缓存污染攻击扩展为内容污染攻击，即攻击者通过请求虚假的非法内容，降低缓存的共享能力。针对这类安全威胁，现有研究工作主要从缓存污染攻击检测与缓存污染攻击防御两方面展开，涉及内容污染的研究同时也关注如何有效校验并清除网内的虚假内容。

文献[24]中围绕缓存污染检测问题进行了研究。Deng 等[25]分别针对 False-Locality 与 Locality-Disruption 两种缓存污染攻击提出了检测机制。对于 False-Locality 缓存污染攻击，记录重复请求数与基于命中的重复请求率，当这两个变量均超过一定阈值时，认为遭到攻击。对于 Locality-Disruption 缓存污染攻击，检测请求命中率与缓存数据包寿命，当二者均低于一定阈值时，认为遭到攻击。由于这种检测机制是在 IP 网络基础上提出的，兴趣包携带请求者的识别信息（请求者的 IP 地址），而在 CCN 中，兴趣包没有携带源地址信息，因此，该检测机制不能较好地匹配 CCN 网络。

Park 等[26]提出基于缓存内容请求随机性的检测机制。每个节点将到达的请求数据经过哈希函数映射存储在矩阵中，当矩阵的秩低于某个阈值时，则认为遭到攻击。这种机制不依赖于请求者的源地址，可同时适用于 IP 网络与 CCN 网络。但是，该文献考虑的网络结构过于简单，仅包含单一的缓存节点，实际上，CCN 网络包括多个路由节点，节点之间的信息交换将影响内容请求的随机性。此外，该方法需要存储 $O(N)$ 个兴趣包，N 为缓存的大小。从计算角度考虑，包含两个计算量较大的操作：①将每个兴趣包映射为对应的哈希函数；②矩阵的秩计算。

Conti 等[27]认为缓存污染攻击将改变路由中的内容请求分布，提出了一种轻量级检测机制，该机制首先选取一定的样本空间（N 类内容），然后计算样本空间内所有类的请求率变化之和，当该值超过一定阈值时，认为遭到攻击。这种轻量级检测机制节省了大量的计算资源，并且所用的网络拓扑结构接近现实中的网络拓扑结构。该文献为缓存污染攻击检测领域的后续研究工作提供了良好的参考，但是其策略存在误判的可能，当无攻击时也会出现合法请求变化率之和超出阈值的状况，从而出现误判。

对于如何防御 CCN 缓存污染攻击，目前主流的防御方法包括缓存策略设计（概率缓存策略）与接口限速两大类。Xie 等[28]提出了一种 CacheShield 策略，根据目标内容的请求次数及两个经验参数（内容平均请求次数估计值与概率调节参数）确定存储阈值，通过存储阈值的设置来抑制缓存污染攻击的影响，这里的存储阈值本质上是一种缓存判决概率，即根据设定的概率决定是否将获取内容存入缓存。但是该策略不能防御 False-Locality 缓存污染攻击，仅对 Locality-Disruption 缓存污染攻击有一定的抑制作用，且效果不太理想。

宋晓华等[29]在其研究工作中设计了一种基于自适应模糊神经网络的缓存置换策略，该策略通过构造神经网络，决策如何进行内容置换，输入参数主要为缓存内容的统计数据，包括寿命、访问频率和命中率等，对于命中率低或访问频率低的内容，以大概率优先置换。该策略在一定程度上能够减轻缓存污染攻击，并且神经网络的输出也可以作为是否出现缓存污染攻击的检测依据。

2015 年，Abdallah 等[30]参考 PIT 泛洪攻击的防御手段，结合接口的请求命中率，提出了一种缓存污染检测及防御机制，该机制基于接口请求速率、接口请求满足率、接口请求命中率 3 个指标，对缓存污染攻击进行检测与限速防御。该文献中提出的基于接口命中率判断缓存污染攻击类型的方法，有一定的参考价值，但其研究背景针对有虚假非法内容的场景，防御中所采用的接口满足率对于合法内容请求的缓存污染攻击无意义。另外，针对缓存内容提出了一种评定算法，能以一定概率辨别内容的真伪，也可部分抑制缓存污染。该算法搜集统计用户接收到虚假内容后的反馈信息，并根据反馈信息为缓存内容打分，评分最高的内容将优先响应用户的请求。当出现虚假内容污染路由器缓存的情况时，该算法可以识别并清除这些虚假内容，但是，如果污染路由缓存的内容均为合法内容，该算法将不能起到防御效果。

针对非法内容的校验问题，Gasti 等[31]指出 CCN 虽然设置了签名机制用于验证内容的真伪，但是由于内容校验的开销过大，导致 CCN 节点无法校验每个数据包的签名。鉴于此，2013 年，Bianchi 等[32]提出了存入校验机制，只对于存入本节点的数据包进行校验，而不处理经过本节点的转发数据包，但该机制的校验的开销依然较大。2015 年，Kim 等[33]提出了命中校验的思想，仅当数据包被命中时才进行校验，这一改进有效降低了校验的开销，但 CS 中有可能出现非法内容。因此，如何平衡校验的开销与虚假非法内容的有效清除，是这一研究分支所关注的问题。从另一个方面，Li 等[34]指出，现有校验机制难以实施，源自签名与校验的开销过大，从而提出了一种轻量级的签名与校验机制。同时，Dibenedetto 等[35]提出利用可靠内容源转发策略防御内容污染，通过检测可疑内容来源，尽量把兴趣包转发至真实内容来源，从源头控制内容污染。但是，该方案仍需与有效的校验机制联合实施，以保证网内传输内容的安全性。

2．缓存隐私保护研究现状

CCN 改善了现有 IP 网络面向主机模型所带来的一系列问题，但其缓存机制在提升网络性能的同时，也带来了新的安全隐患。Lauinger[36]较早详细阐述了 CCN 中存在的 3 类安全问题：缓存污染攻击、PIT 泛洪攻击及缓存/内容隐私探测，分析了安全问题产生的原因，并给出防御缓存隐私泄露的基本对策。针对时间测量攻击，文献指出：若为请求的内容增加一个响应时延，且该时延至少等于传输路径上具有 k 个接入分支路由器与终端用户之间的往返时延，则攻击者将无法推断该内容历史请求者的身份，这一方法虽然能够以 k-匿名方式保护缓存隐私，但额外增加的时延抵消了 CCN 缓存机制所带来的性能改善，严重降低了网络性能。在该研究的基础上，Acs 等[37]对缓存隐私进行了理论建模与分析，提出了 Random-Cache 方法，针对内容请求随机产生 k 个不命中响应，实现缓存隐私保护。Chaabane 等[38]围绕 CCN 的隐私问题开展讨论，并与现有互联网加以对比，研究内容包括缓存隐私、内容隐私、命名隐私。针对缓存隐私保护，进一步指出协同缓存与概率缓存也是可行的隐私保护策略，但该文献未提出具体的解决方案。Mohaise 等[39]提出 3 种改进策略,即"用户-内容"状态识别、"接口-内容"状态识别、"接口-内容-用户"状态识别。结合 CCNx 的仿真分析,该研究工作得出如果路由器维护每个内容的请求状态,将导致负荷过重,改进思路包括:①仅维护路由器接口的请求状态,对于某个接口上到达的初次访问请求,设置额外的往返时延;②将用户状态维护从路由器移动到接入点,由接入点确定是否需要对请求产生额外时延。该工作虽然有效降低了路由负荷,但是隐私泄露风险提升。同时,Lauinger 等[40]也分析了 CCN 的隐私风险,指出内容的隐私敏感性与内容流行度密切相关,内容的流行度越低,其隐私敏感性越高,因此可以进行自适应的内容隐私保护,这一观点有助于更好地均衡网络性能与安全性能。Arianfar 等[41]另辟蹊径,设计了一种内容名字和内容本身的隐藏方法,将目标内容与内容名字混合,这一方法使攻击者探测难度增加,从而降低了隐私被攻击的风险。该文献侧重讨论了缓存探测方法与缓存特征时间测量,对隐私保护策略涉及不多。

5.3　内容中心网络中的隐私保护

本节介绍当前针对内容中心网络中缓存、命名、路由与转发方面的隐私保护策略,代表目前 CCN 隐私保护的主要思路,本部分内容对于进一步开展安全的 CCN 设计,具有一定的参考价值。下面将逐步对这 3 个方面的隐私保护的技术成果进行阐述。

5.3.1　内容中心网络缓存的隐私保护策略

缓存隐私泄露是 CCN 缓存机制带来的一类安全问题。CCN 节点通过暂存途经的数据包,降低网络的数据流量、减轻网络的拥塞状况、实现用户就近获取内容,但 CCN 节点的缓存作为一种公共、开放的数据交换机制,在提升网络性能的同时,也带来了隐私泄露的风险,由于开放式缓存带来的隐私问题包括内容隐私泄露与缓存隐私泄露。这两类隐私问题虽然都源自 CCN 的缓存机制,但内容隐私泄露主要表现在攻击者获取并破译缓存中的隐私内容,与缓存访问规则有关,但是不紧密;而缓存隐私泄露直接取决于缓存访问规则,受缓存策略的影响更为明显,其攻击手段也来自攻击者对于缓存的访问行为,相较于内容隐私泄露,缓存隐私泄露更难以控制与消除。

1. 基于最近访问信息与回退机制的隐私保护策略

为了降低路由器对于接收请求的处理压力,区分隐私内容和非隐私内容,从而有效开展缓存隐私保护。对于被大量用户所关注的高流行度内容,一方面所能泄露的隐私信息小,对攻击者而言没有探测价值;另一方面此类内容访问用户数量大,攻击者难以推断具体请求用户的身份,攻击难度大。因此,内容请求流行度可作为区分隐私内容的参考基准,根据内容流行度加以区分隐私内容和非隐私内容是一种合理的方法。

定义 5-1 (隐私泄露信息量):缓存中某类内容潜在泄露信息量的大小,参考信息论中信息量的定义,对于第 k 类内容,其潜在泄露信息量 I_k 取决于该类内容的请求概率,如式(5-2)所示。

$$I_k = \log_2 \frac{1}{q_k} \tag{5-2}$$

定义 5-2 (隐私内容):设 I_{av} 为平均隐私泄露度,如式(5-3)所示,对于第 k 类内容,当其隐私泄露信息量 I_k 大于 I_{av},将其视为隐私内容;反之,则视为非隐私内容。

$$\begin{cases} I_{\mathrm{av}} = \sum_{k=1}^{K} q_k \times \log_2 \dfrac{1}{q_k} \\ I_k > I_{\mathrm{av}} \,(\text{Privacy}) \\ I_k < I_{\mathrm{av}} \,(\text{non-Privacy}) \end{cases} \tag{5-3}$$

基于上述隐私内容的界定,路由器可以根据历史访问记录,统计最近时期内每类内容的请求概率,从而确定隐私类别,并针对隐私内容,实施保护策略。

针对如何对攻击者模糊化 CCN 的缓存信息,CCN 缓存隐私的保护策略可以从 4 个方面独立开展设计:①识别并记录请求的来源,以便区分合法用户与攻击者身份;②增加时间不确定性,从缓存时间角度设计缓存策略,使攻击者无法确认攻击对象在最近一段时间内是否被请求过;③增加空间不确定性,设计网络缓存策略,从多个路由器中进行内容存储,攻击者虽然能确认攻击目标是否最近曾被访问,但无法确认历史请求的来源(来自哪个接入路由器);④增加接入用户群体的不确定性,利用 k-匿名特性,使攻击者虽然从时间、空间角度可以确认攻击目标的历史请求信息,但是无法确认该请求来自接入路由下的哪一个用户。

分析以上 4 种设计思路,不难看出每种方法均具备隐藏缓存隐私的功能,但在具体设计中需要平衡可行性与有效性,若开销太大或严重降低网络性能,即使可获得完美的隐私保护,也无实施价值。鉴于此,本部分综合①、②、③的设计思路,提出一种基于最近访问信息与回退机制的缓存隐私保护策略 CPPS-RVI&ECP,该策略通过在兴趣包头部设置隐私标识,标注最近访问用户,从而识别当前请求用户是否属于首次请求;通过随机回退机制增加内容在网络中的缓存时间,一方面在时间上增加模糊度,提升攻击者探测缓存隐私的难度,另一方面提高内容的网络命中率,改善网络访问性能。CPPS-RVI&ECP 策略的具体步骤如下。

（1）路由器针对隐私内容设置隐私标识，用于存储该类隐私内容的最近访问时间；用户在发送请求兴趣包时，在兴趣包 nonce 字段内置入上次访问时间（获取时间）；当兴趣包到达路由器时，路由器提取其中的 nonce 字段，将 nonce 中的时间与该内容隐私标识内的最近访问时间对比，如果基本接近，则判断兴趣包发送者为上一次内容请求者，直接返回数据包，且将隐私标识更新为当前访问时间；如果时间偏差较大，则判断兴趣包发送者为新的请求者，路由器将隐私标识更新为当前访问时间，同时延迟 C 时间（源服务器的获取时间），再发送数据包给请求者。

（2）当请求未被命中，且请求对象为隐私内容时，路由器在获取该隐私内容后，不采用常规的 LRU（Least Recently Used）策略将该内容置换到缓存队列首部，而是随机地将该内容存入缓存中的任意位置，同时，存入位置至缓存队列尾部的所有内容顺序向后移动一位；若请求被命中，则不改变所请求隐私内容的存储位置。这一随机存入操作，可以确保攻击者无法估计所请求内容在缓存中的停留时间。（注：非隐私内容依然采用 LRU 置换策略）

（3）当内容（包括隐私与非隐私）被移出当前路由器缓存队列时，以概率 p 回退上一层节点存储，存入上一层节点缓存的队列首部，以概率 $1-p$ 直接丢弃。

通过设置隐私标识，比较路由器与兴趣包内的内容最近访问时间，判断当前请求者是否为上一次内容请求者，从而实现请求者身份的识别。对于新的请求者，延迟 C 时间，使其不能推断请求目标是否存在于缓存内。相对于 UCSR/FCUSR 策略，本部分提出的识别方法不需要记录所有用户状态，路由器的开销可控。如果仅识别请求者身份，还不足以保护内容隐私。例如，攻击者估计出攻击目标在缓存中的停留时间，进而在该时间区间内多次请求攻击目标，如果发现出现延迟 C 时间现象，必然是该次请求之前，有其他用户也请求了此内容，从而推断邻居用户的访问行为。这种隐私泄露的核心原因，是攻击者可估计攻击目标在缓存内的停留时间,鉴于此,进一步设计了随机位置存入策略,降低上述隐私泄露的可能。相较于 LRU 策略,采用随机位置存入策略后,隐私内容命中率必然下降,为了改善访问有效性,引入内容移出回退机制,增加内容在网络内的停留时间,提高隐私内容在网络中的命中率。之所以采用概率回退,同样是为了避免攻击者估计出所请求内容在缓存内的停留时间。

2. 基于动态地址映射的缓存隐私保护机制(CPPM-DAM)

CPPS-RVI&ECP 策略虽然综合了前述①、②、③这 3 个方面的设计思路,通过在兴趣包头部设置隐私标识,标注最近访问用户,但这一设置不能保证严格识别用户的首次访问。例如,攻击者对某隐私内容的两次连续请求之间,有合法用户也请求过该内容,则攻击者通过发现隐私标识发生变化,从而获知有其他用户请求该类内容,出现缓存隐私泄露,因此,CPPS-RVI&ECP 策略更侧重于通过缓存机制隐藏缓存隐私。CCN 缓存隐私保护的关键在于识别攻击者对特定内容的首次请求,但 CCN 用户发送的兴趣包不携带用户地址,导致 CCN 路由器难以识别用户身份,使得区分攻击者的首次请求变得困难。目前,CCN 缓存隐私保护研究相关报道中也未给出好的识别方法。本部分针对攻击者首次请求的识别问题,结合布隆滤波器的设计思想,提出一种基于动态地址映射的缓存隐私保护机制(CPPM-DAM),利用一组 Hash 函数将请求兴趣包中的内容标识名映射为多维空间中的地址,通过动态选择 Hash 函数组合,进行攻击者首次请求的区分,并结合理论分析,对 CPPM-DAM 的错误识别概率(隐私泄露概率)加以说明。

在 CCN 节点上增加一个布隆滤波器,用于对于所有接口到达请求的过滤识别,该布隆滤波器由 n 个相互独立的 Hash 函数($h_1, h_2, \cdots, h_n$)及 K 个 n 维矩阵组成(这里 K 为内容的流行度类别数,即针对每个流行度类别设置一个 n 维矩阵,$1 \leqslant k \leqslant K$),利用这一组 Hash 函数,可将请求的任意内容名字,

分类映射为对应 n 维矩阵中的某个元素。设 CCN 第 k 类内容名字构成集合 X^k，$B^k = \left\{ b_i^k, 1 \leqslant i \leqslant n \right\}$ 代表矩阵 Y^k 中元素的坐标信息，则

$$\begin{cases} b_1 = h_1(x) \bmod B_{\max}^k \\ b_2 = h_2(x) \bmod B_{\max}^k \\ \quad \vdots \\ b_n = h_n(x) \bmod B_{\max}^k \end{cases} \tag{5-4}$$

式中，$B_{\max}^k$ 为第 k 个矩阵每个维度的最大取值，因此，$1 \leqslant b_i^k \leqslant B_{\max}^k$，$1 \leqslant i \leqslant n$，$x$ 为兴趣包中请求的具体内容名字。

考虑到该布隆滤波器的 n 个 Hash 函数存在 $n!$ 个排列，现以 1s~$n!$s 表示这 $n!$ 个排列，现设定用户发送兴趣包内容名字中增加一个字段，提取该兴趣包中的内容名字用于选择布隆滤波器中的 Hash 函数排序。例如，原发送的请求内容名字为"/njupt.edu.cn/Computer_Networks/Lecture_1.mpeg"变化为新层级命名结构"/njupt.edu.cn/Computer_Networks/Lecture_1.mpeg/~s2"，当 CCN 节点收到用户的兴趣包之后，首先提取该兴趣包中的内容名字，以及 Hash 函数的排序指示，并根据此排序指示计算内容名字的映射地址。由于存在 $n!$ 个 Hash 函数排列，因此相同的内容名字，也会根据 Hash 函数排列选择不同，出现 $n!$ 个映射地址。当有新请求到达时，根据请求内容类别及计算出的地址，将该类别矩阵对应位置元素置为"1"，即 $X^k \rightarrow \left\{ b_1^k, b_2^k, \cdots, b_n^k \right\}$，$y_{b_1^k, b_2^k, \cdots, b_n^k}^k = 1$；当有内容由于置换被移出 CS 时，计算该内容名字在对应类别矩阵中的所有可用地址，将矩阵对应位元素全部置为"0"。

若将矩阵元素作为是否存在历史请求信息的检索标志，则矩阵元素不为零，表示自身以往请求过此内容且内容存在于 CS 中，CCN 节点直接返回数据包给请求用户；若矩阵元素为零，表示该用户首次访问或内容不存在于 CS 中，CCN 节点延迟 C 时间（源服务器的获取时间），再返回数据包给请求用户。

从上述 CPPM-DAM 机制设计中可见，由于在兴趣包中加入 Hash 函数的排序指示，从而以较大概率实现了对于用户首次访问的识别，即使攻击者请求与合法用户相同的内容名字，但攻击者不能确认合法用户选择的 Hash 函数排序指示，只能随意猜测，因此正好碰撞上合法用户的选择将是小概率事件，且随着 Hash 函数组中函数个数的增加，碰撞概率将随之降低。在区分攻击者首次访问的基础上，对于攻击者的首次访问增加额外的访问时延，从而实现缓存隐私保护。

3. CCN 中一种改进的面向隐私保护的缓存策略

该策略以均衡用户隐私保护与网络性能为目的进行设计，从信息熵的角度出发，以提高用户的请求信息的不确定度为目标，通过将内容存储在相应的隐匿系数高的缓存节点中，增加攻击者确定请求用户的难度；以动态区域协作的方式存储内容，增大缓存内容的归属不确定性，以加大攻击者定位数据包的难度。仿真结果表明，该策略能够有效降低内容请求时延，提高缓存命中率。

为了说明本缓存策略的设计思路，采用信息熵理论，说明攻击者对于内容请求者推测的不确定程度。信息熵用于表示某种特定信息的出现概率。一个系统越是规则有序，信息熵就越低。对于发起隐私攻击的攻击者而言，其攻击的目的是将节点的缓存内容和对应的真正请求者联系起来，由于 CCN 网络采用明文缓存，因此比较容易获取请求者的请求内容，造成隐私泄露的问题。在这个过程中，若能添加冗余混淆信息，增加攻击者获取用于确定内容与用户之间信息的难度，则攻击者推测内容实际请求用户的不确定度就越大，用户的隐私安全就越有保障。

定义 5-3（动态协作区域）：表示当第一个缓存命中时，数据包沿途返回用户途中所经过的缓存路由器共同构成的局部区域。动态协作区域代表了当攻击者对某个内容进行探测攻击时必须探测的请求用户集合，也构成了内容请求者可以进行匿名混淆的空间范围。通过对内容进行区域协作存储，使得攻击者推测和定位内容真正位置的难度和不确定度增加。

定义 5-4（节点内容隐私混淆度）：表示在动态协作区域内的某个路由节点中，对某个内容所蕴含的用户请求信息的混淆程度。在单位时间 T 内，内容 c 在某路由节点中对应的节点内容隐私混淆度 CPCD 的度量为

$$\text{CPCD}(c) = \ln U \times \frac{n}{T} \tag{5-5}$$

式中，n 为时间 T 内，节点收到对于内容 c 的请求次数；U 为请求内容 c 的用户数量。节点内容隐私混淆度衡量了该缓存路由对于该内容的请求用户的混淆程度。攻击者的主要目标是判断某个内容的实际请求者并以此窃取用户的敏感信息。对于那些内容隐私混淆度值较大，即众多用户同时请求的热门内容，攻击者难以进行单独的区分定位，大幅降低了攻击者推断目标个体的成功率。

定义 5-5（节点信息泄露度）：表示为该节点缓存的内容泄露信息量大小，即缓存的内容对于用户隐私的危害程度。节点信息泄露度 ILD 量化为

$$\text{ILD} = \sum_{i=1}^{n} (r_{ci} - \bar{r})^2 / n \tag{5-6}$$

式中，n 为某节点内缓存的内容的个数；r_{ci} 为该节点缓存中第 i 个内容 c 被请求的次数；$\bar{r}$ 为节点缓存内容的平均请求次数。在缓存决策时，应考虑新内容对该节点 ILD 的影响。ILD 取值越小，则用户对节点内缓存的各个内容之间的请求差异就越小。从信息熵的角度，该节点的缓存所蕴含的用户请求信息就越混乱无序，攻击者对用户的请求探测的难度就越大。

定义 5-6（节点隐匿系数）：表示缓存节点隐藏保护某个内容隐私信息的能力。节点隐匿系数 HC 量化计算为

$$HC = CPCD(c)/ILD \tag{5-7}$$

显然，同一个内容在不同节点的 CPCD 值不尽相同。即使同一个缓存节点，其对于不同的内容的隐匿系数也不相同，即对该内容的隐私信息保护能力也不同。这要求在缓存决策时，要把内容缓存在对于该内容 HC 值高的节点，降低信息泄露的风险，以增强用户的隐私保护。

基于上述的相关概念，DRCCSPP 的主要设计思路包括：①为用户每次的内容请求构造一个动态区域，通过内容的区域协作存储（区域内节点基于节点 HC 实现请求内容的协作存储），使得攻击者推测和定位用户请求内容的难度和不确定度增加，增强用户的隐私保护；②在动态区域内将确定性缓存方式和概率性缓存方式相结合，将应答内容以较高概率存储在相应的 HC 值高的节点，同时避免将隐私混淆度低的冷门资源缓存在靠近请求用户的节点，以提高网络性能。

内容请求过程为：为缓存决策需要，在兴趣包中添加 HC 字段和 MAX-CPCD 字段，用于记录该内容沿途各个节点的 HC 值和最大的内容隐私混淆度。兴趣包在转发的过程中，收集沿途经过的节点上的对应请求内容的隐私混淆度的信息和节点的隐匿系数，将隐私混淆度最大的值和节点的隐匿系数添加到兴趣包的额外字段中。下面给出缓存策略的具体步骤。

步骤 1：内容请求者发送兴趣包请求内容 c，节点接收到请求报文后，若 CS 已经缓存该内容，则为缓存命中，节点对该兴趣包进行响应；若 CS 中没有对应的请求内容，则执行步骤 2。

步骤 2：节点查询 PIT，若 PIT 中没有对该兴趣包的记录条目，则节点将该兴趣包请求插入 PIT，并按式（5-5）计算并记录该内容在该节点的 CPCD 值，将节点对于该内容的按照式（5-7）计算的 HC 值添加到兴趣包的额外 HC 字段，然后依据 FIB 表项执行下一跳路由转发。将兴趣包转发到下一个路由节点；若 PIT 中有对该兴趣包的记录条目，则执行步骤 3。

步骤 3：节点更新 PIT 中的请求接口信息，按式（5-5）计算并更新该兴趣包请求内容在本节点的 CPCD 值，并且该 CPCD 值与兴趣包中的 MAX-CPCD 字段的值进行比较，若大于，则将兴趣包中的 MAX-CPCD 字段更新为较大的值，并将节点对于该内容的 HC 值记录到兴趣包的额外 HC 字段，然后依据 FIB 表项执行下一跳路由转发。将兴趣包转发到下一个路由节点。最终，当兴趣包到达内容提供者或命中某路由缓存后，MAX-CPCD 字段记录的就是对于内容对象 c，沿途区域中最大的内容隐私混淆度的取值。

区域协作缓存决策过程为：为缓存决策需要，在返回的数据包中添加 HC 字段和 Cache 字段。Cache 字段记录该数据包返回过程中被存储的次数。为了缓解"缓存同质化"问题，区域协作缓存决策采用确定性缓存方式和概率性缓存方式相结合的方法。具体步骤如下。

步骤 1：当兴趣包在某个缓存路由命中其缓存时，将兴趣包中 HC 字段记录的各节点 HC 值添加到数据包的 HC 字段。同时，对兴趣包中额外携带的 MAX-CPCD 字段的值与命中路由节点的对应缓存内容的 CPCD 值进行比较。若命中的路由节点的 CPCD 比兴趣包中的 MAX-CPCD 值小，则执行步骤 2；反之，则执行步骤 3。

步骤 2：在动态区域内执行确定性缓存方式，将数据包的 Cache 字段设置为 0。查询 PIT 的接口信息，并将数据包返回。

步骤 3：在动态区域内执行概率性缓存方式，将数据包的 Cache 字段设置为 1。查询 PIT 的接口信息，并将数据包返回。

步骤 4：当区域内节点接收到一个返回的数据包时，首先检查其 Cache 字段的值：若值为 0，则节点无条件地缓存该数据包，然后将数据包的 Cache 字段值加 1 后发往下一个路由节点；若值为 1，则节点根据本节点的 HC 值与区域内总的 HC 值之和的比值执行概率性缓存。本节点的 HC 值越高，则缓存的概率越大。如果最终结果为节点存储了该数据包，则将数据包的 Cache 字段值加 1 后发往下一个路由节点；若 Cache 字段值大于或等于 2，则节点直接将数据包发往下一个路由节点。

对于现有内容中心网络中存在的用户隐私泄露风险问题和各种隐私保护方案的优缺点，从 CCN 内在缓存策略的设计入手，以用户隐私保护的角度，提出了一种面向隐私保护的动态区域协作缓存策略。通过将内容存储在相应的隐匿系数高的缓存节点，加大攻击者确定请求用户的难度；以动态区域协作的方式存储内容，提高缓存内容的归属不确定性，加大攻击者定位数据包的难度并进一步提高内容中心网络的网络性能。实验结果表明，虽然 DRCCSPP 缓存方案在隐私保护效果和节点计算代价方面表现不如 CCSPP 缓存方案，但是在缓存命中率和网络平均请求时延方面均有所提高，是一种有改进的内容中心网络缓存策略方法。在未来的工作中，将进一步研究各种缓存策略对用户隐私问题的影响，并优化方法，提高内容中心网络的性能。

5.3.2 内容中心网络命名的隐私保护策略

1. 一种针对内容中心网络中名字解析系统的 DoS 攻击建模与分析

内容中心网络的主要特征之一是用户直接利用内容名字请求内容，网络根据策略选择合适的内容拥有者为用户服务。名字解析系统可用于建立、维护和发布内容名字与内容拥有者间的映射关系，是保障网络正常工作的核心部分，必然成为攻击者的重点目标。根据名字解析系统的特点，分析了针对名字解析系统的拒绝服务 DoS 攻击，对其攻击效果进行建模。数值计算结果表明，名字解析系统本身易受到网络攻击，但同时选择内容拥有者的策略将有助于减轻攻击效果。

内容中心网络的关键问题是如何找到被请求的内容。一种常用的方法是引入名字解析系统来建立、维护和分发内容的名字与内容拥有者的映射关系。内容拥有者向名字解析系统注册它所能提供的所有内容的名字。当用户需要某个内容时，会向名字解析系统发出查询请求，后者根据预定的策略选择合适的内容拥有者为用户提供服务。另一种方法是对整个网络结构进行更新，路由器根据内容名字来建立路由表。相比之下，基于名字解析系统的方法对网络底层结构改变较小，较容易部署，在多个内容中心网络方案中被采纳，如欧洲 FP7 支持的 PSIRP 项目。名字解析过程是整个系统正常运作的关键步骤，其必将成为被攻击的重点目标。攻击者可以通过对名字解析系统进行拒绝服务攻击，使得内容拥有者无法为合法用户提供内容，从而导致网络性能大幅下降甚至瘫痪。

此外，当多个内容拥有者都可以提供同一个内容时，名字解析系统可以根据自己的选择策略确定合适的提供者。DoS 攻击者无法直接攻击特定的内容拥有者，因此还需要研究不同选择策略下 DoS 攻击对内容拥有者的影响。

2. 内容中心网络中的名字解析系统工作原理分析

由于无须大规模改动底层网络结构，目前已经有很多内容中心网络采用名字解析系统来建立内容名字和内容拥有者的映射关系。PSIRP 项目及其后续项目 PRSUIT 是基于发布-订阅模型的内容中心网络结构。PSIRP 设计了一个会面系统（名字解析系统），内容拥有者向这个系统注册发布信息，用户向此系统发送订阅信息。会面系统负责记录和匹配这两种信息。如果匹配成功，会面系统将用于此次传输的路由标志直接发送给内容拥有者，然后内容拥有者会利用此路由标志将内容发送给用户，即用户无法直接向内容拥有者请求内容。

内容拥有者需要向名字解析系统注册自己可以提供的内容。用户直接向名字解析系统发出请求。名字解析系统负责为用户找到所需内容的拥有者，然后将内容请求和传输所需路由标志直接递交给内容拥有者，或者将解析结果（内容拥有者的路由标志）发送给用户，并由用户再向内容拥有者发出请求。最后网络将根据路由标志把封装后的内容数据报文发送给用户。

（1）利用内容名字来校验内容的真实性。内容拥有者利用自己的公钥对内容进行哈希，将得到的值作为内容名字。用户和网络设备在获得和传输内容时，可以根据内容名字对内容进行完整性和合法性的校验。目前，有大量研究关注如何设计安全的命名机制。

（2）研究基于名字路由的架构安全性。主要包括定性或定量评估攻击者发出海量请求分组对路由器进行拒绝服务攻击、攻击者发出虚假请求污染缓存以减少网络中的缓存命中率，以及攻击者利用网络中的缓存进行窃听[42]。

如前所述，如果名字解析系统无法正确工作，将极大地影响网络的性能。因为用户需要通过名字解析系统才能达到实际的内容拥有者，所以名字解析系统将成为 DoS 攻击的首要目标。攻击者发送大量虚假的内容请求占用名字解析系统的资源，从而导致合法用户的请求被丢弃。此外，名字解析系统的选择策略也对 DoS 攻击的效果产生影响。本部分将对这两种情况进行建模分析。

3．名字解析系统中 DoS 攻击的建模与分析

在传统互联网中，攻击者只需要知道被攻击者的 IP 地址及其提供服务的公共端口，就能够向该端口发送大量请求，从而消耗被攻击者的资源，使其无法为合法用户提供服务。在引入名字解析系统后，用户的内容请求需要先发送到名字解析系统，然后再转发到内容拥有者的监听端口。例如，对于 PSIRP 这类网络结构，用户无法直接向内容拥有者请求所需内容，必须将所请求的内容名字发送给名字解析系统，由后者选择并通知合适的内容拥有者来提供服务。当攻击者向名字解析系统发送大量请求时，可能出现 2 种情况：

①名字解析系统没有足够的资源处理过多的请求，导致合法用户的请求不能得到响应；②名字解析系统为特定内容名字所选择的内容提供者没有足够的资源处理过多的请求，导致无法为合法用户提供内容。不同的选择策略会带来不同的后果。

为了评估名字解析系统中 DoS 攻击的效果，本部分首先将基于名字解析系统的内容中心网络建模为一种两级队列模型。第一级队列是名字解析系统的请求队列，第二级队列是位于内容拥有者的请求队列。

在下面的分析中，假设用户请求到达服从泊松分布。为了避免被检测，攻击者也按照泊松分布来生成请求。下面分别对在大量请求攻击下 2 个队列的性能进行分析。

（1）名字解析系统的请求队列的模型。名字解析系统的作用是找出被请求内容的拥有者，本质上相当于一个查询系统。因此，可以认为在这一级队列中的服务时间是固定值，则第一级队列相当于一个 $M/D/1/N$ 排队论模型。

设用户正常请求的到达服从参数为 λ_1 的泊松分布，恶意请求的到达服从参数为 λ_2 的泊松分布，则 $\lambda = \lambda_1 + \lambda_2$ 为正常请求和恶意请求到达映射服务器的总的到达率。名字解析系统的服务速率为请求 C/s，队列长度为 N。根据 PASTA 特性，用户正常请求无法得到名字解析系统正常服务的概率等于整个队列的阻塞概率，即

$$P_N = 1 - \frac{b_{N-1}}{1+\rho b_{N-1}} \tag{5-8}$$

平均等待时间表示为

$$W_N = T_N - T = \left(N - 1 - \frac{\sum_{K=0}^{N-1} b_k - N}{\rho b_{N-1}} \right) \frac{1}{C} \tag{5-9}$$

（2）内容拥有者的请求队列模型。由于名字解析系统无法区分所收到的请求是来自正常用户还是攻击者，因此恶意攻击者的请求也会被递交给内容拥有者。如果一个内容提供者收到过多的请求，就有可能无法为正常用户提供服务。下面假定名字解析系统的服务能力足够强，可以认为离开第一级队列的请求依然服从参数为 $\lambda = \lambda_1 + \lambda_2$ 的泊松分布。这里假设对同一个内容而言，网络中共有 T 个内容拥有者可以提供该内容，所以名字解析系统需要采用合适的选择策略来决定由哪个内容拥有者为用户提供服务，而这个选择策略将影响模型第二级中每个内容拥有者队列的到达率。本部分将对两个策略进行考察：策略 A 为每个请求选择距离最近的内容拥有者，策略 B 为每个请求等概率随机指定内容拥有者。接下来对 2 种策略进行建模。

在下面的讨论中，假设第 k 个内容服务器的端口服务速率为 μ_k，队列长度为 N_k。一共有 $l+1$ 个用户(包括正常用户和恶意用户)，请求分布满足 $\lambda_0', \lambda_1', \lambda_2', \cdots, \lambda_l'$ 的泊松分布。

①策略 A 为每个请求选择距离最近的内容拥有者：为每个请求选择距离用户最近的内容拥有者，有助于减少内容传输的时延。因为用户和拥有者的距离是固定的，所以设 $S_1, S_2, \cdots, S_T$ 为每个内容拥有者的用户集合。其中，第 k 个内容拥有者的用户集合为 $S_k = \{c_0, \cdots, c_i, \cdots, c_m\}$，队列的到达率为 $\lambda_k = \sum i \in \lambda_i'$。此队列为一个 $M/M/1/N$ 模型。因此被阻塞的概率为

$$P_k = \left(\frac{\lambda_k}{\mu_k} \right)^{N_k} / \sum_{j=0}^{N_k} \left(\frac{\lambda_k}{\mu_k} \right)^j \tag{5-10}$$

②策略 B 为每个请求等概率随机指定内容拥有者：策略 A 中为每个请求分配最近的内容拥有者可使得响应时间最短，但有可能导致内容拥有者的负载严重不平衡。策略 B 考虑为每个请求等概率随机选择内容拥有者，以平衡负载。

由于是等概率随机选择的，任何一个内容提供者被选中的概率为 $1/T$。第二级每个队列都相当于一个 $M/M/1/N$ 模型。因此在此场景下，一个请求被阻塞的概率为

$$\frac{1}{T}\sum_{k=1}^{T}P_k \tag{5-11}$$

其中，$P_k = \left(\dfrac{\lambda_k}{\mu_k}\right)^{N_k} / \sum_{j=0}^{N_k}\left(\dfrac{\lambda_k}{\mu_k}\right)^{j}$ 为第 k 个内容提供者无法正常提供服务的概率。

5.3.3　内容中心网络路由与转发的隐私保护策略

1. 基于限速机制的攻击对抗策略

为了减轻攻击对内容中心网络造成的危害，本部分首先从路由器个体角度入手，充分利用待定兴趣表的"有状态"特征，首次提出了一种攻击对抗方法，即基于限速机制的恶意兴趣包路由器对抗策略，通过监测路由器待定兴趣表条目超时信息，从而统计出恶意名字前缀，并基于限速机制动态调整恶意名字前缀对应兴趣包的准入速率，以抑制攻击，减轻其对路由器内存资源的恶意消耗程度，使路由器在遭到攻击时至少保留对兴趣包的基本转发能力，在一定程度上提高内容中心网络的安全性和可用性。基于限速机制的恶意兴

趣包路由器抑制方法，是内容中心网络攻击对抗领域最早的具体实现方法，适用于网络设备处理能力一般、安全要求不严的网络环境。性能评估结果表明，基于限速机制的恶意兴趣包路由器抑制方法可成功识别恶意兴趣包的名字前缀，并有效降低恶意兴趣包进入网络的速率，从而减轻攻击对内容中心网络的危害，提高内容中心网络的安全性。

攻击发出的恶意兴趣包请求不存在的虚假内容，导致记录恶意兴趣包状态的路由器待定兴趣表状态条目，将一直缓存到条目超时（条目超时时间超过正常的网络平均往返时延），这对路由器待定兴趣表内存资源带来较大的消耗。综合上述分析，本节中提出了一种基于限速机制的恶意兴趣包路由器对抗策略，其通过扩展基本的路由器转发表，统计转发表中每个名字前缀对应的超时兴趣包数量，以实现监测攻击的功能，并根据兴趣包超时数量的统计结果，确定是否对特定名字前缀对应的兴趣包进行转发速率限制，以控制恶意兴趣包进入内容中心网络的速率，从而保证路由器至少保留转发能力，以继续转发其他未遭受攻击的内容名字前缀对应的兴趣包，减小攻击的危害程度。

恶意兴趣包路由器对抗策略仅配置在网络边缘的接入路由器（如某个网络自治域的入口出口边界路由器）中，而不配置于核心网的骨干路由器中。这是因为骨干路由器转发具有高聚合度的网络流量，如来自不同地理位置的各个接入网络的流量汇总，可能导致绝大多数时间内某名字前缀对应的恶意兴趣包数量一直小于合法兴趣包的数量，这不利于本节提出的方法对攻击的探测。然而，处于网络边缘的接入路由器，其聚合的网络流量较少，路由表的聚合程度不高，有利于对恶意兴趣包的探测。

对于路由器转发表中的每个条目，恶意兴趣包路由器对抗策略均增加了两个计数器（C1 和 Fs）、一个计数状态指示器 Mode 和一个速率限制器 Capacity，C1 用于记录路由器转发表条目中名字前缀对应的、连续进入本路由器的兴趣包总数量。它分为恶意状态和正常状态 2 种计数模式。其中，恶意状态计数模式代表记录的数值为连续进入的恶意兴趣包的数量；而正常状态计数模式代表记录的数值为连续进入的合法兴趣包的数量。初始化时被设置为正常状态计数模式，用于记录连续进入的未导致待定兴趣表条目超时的合法兴趣包数量；每当有一个兴趣包导致待定兴趣表条目超时，转变为恶意状态计数模式，开始记录连续进入的恶意兴趣包数量，以此类推。基于上述描述可知，2 种不同状态计数模式只需要占用一位（比特），便可用于分别记录 2 种不同类型兴趣包连续进入路由器的总数量，这比分别使用 2 个不同的计数器来记录上述 2 种兴趣包的总数量要节省内存资源。

Fs 用于指示路由器连续处于无 IFA-F 攻击存在时的正常状态的统计次数，即用于记录处于正常状态计数模式的 C1 超过其阈值 C_{th} 的总次数；若 Fs 大于其阈值 F_{th} 攻击可被认为已经消失，即此时的路由器处于正常状态。每当处于正常状态计数模式的 C1 大于其阈值逐渐增加，表示攻击正在逐渐消退；反之，当处于恶意状态 C1 大于 C0，重置为 0 时，表示攻击依然存在于本路由器中。

速率限制器 Capacity 用于控制兴趣包进入路由器请求转发表中任意名字前缀对应内容的总速率，其速率调整主要依赖于计数器 Fs；若 Fs 等于 0，则速率限制器 Capacity 被启用，以限制进入路由器的携带特定名字前缀的兴趣包总量；若 Fs 介于 0 和其阈值 F_{th} 之间，则速率限制器 Capacity 将继续保持在兴趣包准入速率限制状态；若 Fs 大于其阈值 F_{th}，则速率限制器 Capacity 关闭，不再限制进入的兴趣包总速率。

2．对策算法设计

（1）当兴趣包到达路由器时，若其在内容缓存模块中未命中对应内容的数据包，则在被转发之前被记录到待定兴趣表中。

(2）路由器监测待定兴趣表的条目状态，若某条目超时，则判断该条目对应名字前缀的计数器 C1 是否处于恶意状态计数模式：若未处于该模式，则计数器 C1 进入恶意状态计数模式，且初值被置为 1；若已处于该模式，则计数器 C1 数值增加，然后继续判断 C1 是否超过阈值 C_{th}。若已超过 C_{th}，则表明 IFA-F 攻击被探测到，此时 Fs 置为 0，速率限制器启用，并将该路由器上对应名字前缀的兴趣包准入速率降低 50%；否则，继续监测路由器待定兴趣表条目状态。

（3）若路由器收到了对应数据包，则相应待定兴趣表条目在超时之前即被正常删除，此时判断该条目对应名字前缀的计数器是否处于正常状态计数模式：若未处于该模式，则计数器进入正常状态计数模式，且初值被置为 0；若已处于该模式，则计数器数值增加，然后继续判断是否超过阈值 C'_{th}。若 C1 已超过 C'_{th}，则表明 IFA-F 攻击正在消退，此时计数器 Fs 数值增加 1，然后继续判断 Fs 是否超过阈值：若 Fs 已超过阈值 F_{th}，则表明 IFA-F 攻击已经完全消失，此时速率限制器关闭，兴趣包准入速率设置为初始速率值 Q_0；若 Fs 不超过阈值 F_{th}，则对应名字前缀的兴趣包准入速率保持不变；若 C1 未超过 C'_{th}，则继续监测路由器待定兴趣表条目状态。

3. 基于模糊逻辑和路由协作的 IFA-F 攻击对策

为实现细粒度的 IFA-F 攻击探测和抑制方案，进一步提高内容中心网络抗击 IFA-F 攻击的能力，满足安全性要求较高的网络场景需求，提出了一种基于模糊逻辑和路由器协作机制的恶意兴趣包协同对抗策略。该对策基于模糊逻辑综合分析路由器待定兴趣表的使用率及条目超时率，以实现对 IFA-F 的探测功能；并利用路由器待定兴趣表"有状态"特征的优势，通过路由器间的协作机制，将预警消息从探测到 IFA-F 攻击的路由器反馈到网络边缘的接入路由器；最终，在收到预警消息的接入路由器处对进入网络的兴趣包进行细粒度（前缀接口粒度，即区分兴趣包的路由器入口信息，并同时区分兴趣包的不同名字前缀信息）监测，以实现前缀接口粒度的恶意兴趣包过滤功能，从源头上削减进入网络的 IFA-F 恶意兴趣包总数量，在减少对合法用户兴趣包"误压制"的同时，减轻了 IFA-F 攻击对内容中心网络造成的危害。基于真实网络拓扑和用户行为模型的仿真结果表明，恶意兴趣包协同对抗策略在降低路由器内存资源的恶意消耗程度、提高合法兴趣包的内容获取概率、降低内容获取时延方面具有明显的效果，成功减轻甚至阻断了攻击对内容中心网络路由器和用户造成的危害，提高了网络的安全性。

恶意兴趣包协同对抗策略配置于内容中心网络的路由器上，并依赖路由器间的协作抑制攻击对网络和用户造成的危害。其核心设计思想为在网络的"各处探测，源头抑制"，即在网络中每台路由器中探测攻击的存在性，而仅在网络的接入路由器上通过限制恶意兴趣包的准入速率以达到抑制其危害程度的效果。这是因为处于网络中的骨干路由器能够聚集比网络边缘的接入路由器更多的网络流量，这让骨干路由器相比接入路由器成为更佳的攻击探测点；同时，处于网络边缘的接入路由器更加靠近网络用户，因此可作为理想的恶意兴趣包阻断屏障。

攻击探测模块用于探测本路由器是否正在遭受攻击的危害，一旦发现有攻击存在，则以攻击抑制消息的形式通知攻击抑制模块；攻击抑制模块在收到上述消息后，统计待定兴趣表中拥有最多超时条目的名字前缀，并统计该名字前缀对应兴趣包的入口，最终发出预警消息向下游路由器通告攻击的存在性，以便在网络边缘的接入路由器对应接口处依据名字前缀减少甚至阻断进入网络的恶意兴趣包。

攻击探测模块中集成了模糊逻辑算法，用以判断路由器是否正在遭受攻击的危害，其判断依赖于两个指标：路由器待定兴趣表占用率和恶意条目所占比例。其中，路由器待定兴趣表占用率为待定兴趣表实时条目数与待定兴趣表最大条目数的比值，代表了路由器待定兴趣表内存资源的消耗程度；恶意条目所占比例为待定兴趣表实时的超时条目数与待定兴趣表最大条目数的比值，代表了路由器待定兴趣表的恶意条目实时所占比例。

攻击抑制模块包含前缀和接口识别子模块及消息交互子模块，前者用于识别恶意兴趣包的名字前缀信息，以及恶意兴趣包在本路由器的入口信息；而后者用于从恶意兴趣包对应入口处发出预警消息，以通告下游路由器恶意兴趣包的名字前缀信息，以便其采取对应安全措施。

5.4 内容中心网络安全路由方法

目前，学术界对于内容中心网络的研究大多集中在缓存与路由方面，对其安全和隐私方面的研究较少。内容请求者、内容发布者、内容、节点路由等对象化的网络资源依然面临着诸多的隐私泄露与安全问题。本部分主要分析当前内容中心网络安全路由机制，通过比较其优缺点，提出改进的内容中心网络安全路由方法并设计实现。

5.4.1 内容中心网络节点路由安全问题分析

内容中心网络实现了通信由"主机-主机"到"请求内容-获得内容"的过程，服务的主体更多的是内容，而不是存储位置。与传统 IP 网络不同的是，节点路由可以缓存内容信息，以便缩短信息请求时间，提高通信效率。CCN 网络特殊的结构设计和特有的优势，在受到学术界广泛关注的同时也被攻击者所关注，利用结构中存在的隐患盲区对网络中各种对象进行攻击和隐私信息窃取。

1. CCN 网络对象化划分

在通信过程中，请求数据包由内容请求者发布，经节点路由处理。节点路由中若已缓存了兴趣包请求内容则返回数据包，否则采用节点路由广播或默认端口转发，继续请求数据包，直至兴趣包到达内容服务器，由内容服务器返回内容数据包。根据 CCN 网络中各种资源角色的不同，可以将 CCN 网络资源划分为内容请求者、内容发布者、内容、节点路由等不同的对象，如图 5-2 所示。

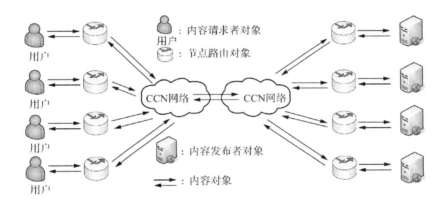

图 5-2　CCN 网络资源对象化

内容请求者对象：CCN 网络中内容信息的订阅者、消费者，网络通信的起源和数据内容服务主体。

内容发布者对象：CCN 网络中内容信息的发布者、生产者，制造通信内容信息的源头。

内容对象：网络通信的核心，信息传递实体，包含兴趣包、数据包、缓存副本内容等具体信息。

节点路由对象：CCN 网络中通信的基础设施，这里特指路由器节点，包含核心和边缘部分的路由。

2. 节点路由对象安全问题分析

CCN 网络中内容信息的请求与发布是服务主体通信的基础[43]。只有保障了内容请求者对象和内容发布者对象之间进程的一致性，主体间的通信才有所保证，这些都依赖于节点路由对象是相对安全的。目前，路由存在的安全问题主要包括资源耗尽、定时攻击、干扰攻击、泛洪攻击等。

（1）资源耗尽：CCN 网络中的资源耗尽攻击分为整体资源耗尽与部分资源耗尽，前者通过发送大量请求信息，经过路由节点的存储和转发，使得大量的请求信息和内容信息直接或间接散布在网络中，造成网络链路拥堵，增大网络负载，最终导致 CCN 网络中的资源消耗殆尽，节点路由拒绝服务；后者通过发送大量数据包，目的是针对 CCN 网络中单独的边缘节点路由，以降低其路由性能，增加路由的响应时间，降低数据响应效率。

（2）定时攻击：攻击的主要目标是破坏信息请求和发布时间的一致性，通过发送大量请求信息降低节点路由器性能，从而增加源端响应时延，使用户请求也得不到及时的响应。

（3）干扰攻击：攻击者伪装为可信的合法用户，向节点路由发送大量恶意的或没有必要的兴趣包，进而扰乱系统中的信息流动[44]。与资源耗尽不同，伪装后的攻击者攻击的是链路中的共享节点，再由此转发给其他节点，如图 5-3 所示。

（4）泛洪攻击：CCN 网络具有以名字替代 IP 网络的 IP 地址的作用。但 CCN 网络中没有主机标识，无法像 IP 网络那样通过 IP 查找。当 CCN 节点受到泛洪攻击时，由于节点所能处理的请求数量有限，因此会忽略后面的请求。在这种攻击中不考虑请求是否合法，最终会导致节点路由拒绝所有的服务请求。

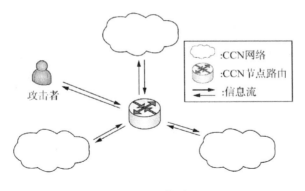

图 5-3　干扰攻击

5.4.2　内容中心网络节点路由安全保护方案

CCN 节点路由的几种攻击方式的目的均有差异，资源耗尽与泛洪攻击以增大网络负载，造成链路拥堵为目的；定时攻击的目的是破坏请求和发布消息的一致性；欺骗攻击的目的是扰乱 CCN 网络中的信息流。CCN 网络安全防线的根本问题是对于异常请求信息不能及时的识别，无法提前防御从而出现严重的安全问题。

1．方案背景

为了有效地识别节点路由是否受到了攻击，已有学者对此做了一定的研究，且提出了缓解和减弱攻击的防御方案。2014 年，Tang 等[45]在文章中提出可以采用 2 个阶段分层次检测节点路由泛洪攻击的方法，依据兴趣包满足率来反映恶意兴趣包的比例，$S(t) = \Delta D / \Delta I$，其中，$\Delta D$ 为单位时间 t 内端口平均接收数据包数量，ΔI 为单位时间 t 内端口平均接收兴趣包数量。在正常情况下，经过端口的兴趣包和数据包在数量上基本相等。由于节点路由泛洪攻击的发生，这种平衡就被打破，据此可以大致判断哪个端口受到了攻击，进入深层精准检测阶段。通过收集分类后各种名字前缀兴趣包个数和预先设定的阈值对比,识别异常名字前缀,确定节点路由是否受到了攻击。Goergen 等[46]提出利用数据挖掘算法来监控网络是否受到攻击,具体原理就是通过使用分类器(也称支持向量机)预先在 2 种不同情况下收集数据,进行分类,然后对节点进行实时监控,通过数据分析判断节点是否受到了泛洪攻击。此外,在文章中采用基于信息熵的兴趣泛洪攻击检测机制,通过对比 PIT 条目中兴趣包请求内容名字的随机性在正常情况和网络受到攻击时的不同来判断网络节点是否受到了攻击。

$$H(x) = -\sum_{i}^{n} p(x_i) \log_2 p(x_i) \tag{5-12}$$

式中,$p(x_i)$ 表示将兴趣包分片聚合后相同前缀出现的概率。同时,将 PIT 的使用率、PIT 信息熵变化率和 PIT 信息熵维持高值作为精准判断是否受到攻击的依据。

2. 方案介绍

综合 CCN 网络中节点路由对象受到的攻击,本部分提出一种基于动态信誉机制的节点路由保护方案。CCN 网络中用户-节点路由、节点路由-节点路由、节点路由-内容源服务器之间的信息传递机制都要通过路由的端口。我们为每个用户分配一个初始化动态信誉值,并且根据用户的日常行为来调节用户的信誉值,通过信誉值的高低为用户分类,从而判定节点路由是否受到了攻击。

该方案根据实际因素,提前设定阈值 K,在节点路由中建立包含所有用户的集合 U,合法用户 LU、异常用户 AU 和非法用户 ILU,如图 5-4 所示。算法初始化中所有用户的信誉值都被设定为 1,即在这样的状态下是合法用户,随后根据运行的检测用户日常行为的检测算法结果来判断用户是否为非法用户。此外,并非根据用户某一次的行为就判定用户合法或非法,存在异常的用户会从 LU 中分离出来放进 AU 中,只有当用户多次被检测为异常时,信誉值才会随之越来越小。一旦信誉值减小到低于最初设定的阈值时，该用户就被检测为非法用户，从 AU 中将其加入 ILU 集合。

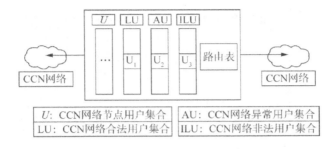

图 5-4　节点路由集合分类

该方案设定了 4 个算法：Initialization 算法是整个网络初始化算法；Illegal user detection 算法用来检测用户是否存在异常行为；Calculate the reputation value 算法用来计算信誉值大小，是一个动态的过程；Defense function 算法是用来针对非法用户的防御算法，通过该算法可以缓解或减轻用户发生攻击的态势。

3．具体方案

在本方案中，我们将整个 CCN 网络视为一个图，图中顶点表示网络中的用户。设网络中的所有用户都在集合 U 中，$U=\{u_1,u_2,u_3,\cdots,u_n\}$。设定合法用户 $LU=\{lu_1,lu_2,lu_3,\cdots,lu_{n_1}\}$，异常用户 $AU=\{au_1,au_2,au_3,\cdots,au_{n_2}\}$，非法用户 $ILU=\{ilu_1,ilu_2,ilu_3,\cdots,ilu_{n_3}\}$，其中 $n_1+n_2+n_3\leqslant n$。由以上设定可以知道，网络中的用户可以分为合法、异常和非法 3 类。假定每个用户都是合法用户，在初始化时将用户的信誉值都设置为 1。然后，利用非法用户检测算法中的异常行为检测函数来检测用户行为是否合法，根据信誉值计算算法的结果决定用户信誉值动态改变大小。当信誉值发生改变时将用户从 LU 加入 AU 中。当信誉值低于门限阈值 K，该用户将被移入 ILU 集合。

（1）初始化算法。在初始化算法中，我们设定每个用户都是合法的，即 U

和 LU 代表了网络中所有节点用户，且有 U=LU，$AU = \emptyset$，$ILU = \emptyset$。

（2）非法用户检测算法。非法用户检测是方案中至关重要的环节，主要通过一定的检测函数将异常用户检测出来，加入 AU 中，具体的方法如下。

$$f_d(u_i) = \begin{cases} 1, & e_{u_i} \in SG \\ 0, & 其他 \end{cases} \quad (5\text{-}13)$$

式中，e_{u_i} 为用户特征签名，其中 $i \in \{1, 2, \cdots, n\}$；SG 为异常行为的签名。如果通过检测发现用户的行为特征和异常行为特征匹配，我们就可以认为该用户属于异常用户，进而将用户加入 AU 集合中。在方案中，为了检测出异常行为，需要定义几种异常行为特征，具体定义如下。

报文响应率（Message Response Rate，MRR）出现异常，MRR 值持续减小且 $I_n \gg D_n$，$MRR = \dfrac{\tilde{D}_n}{\tilde{I}_n} \times 100\%$，其中 $\tilde{I}_n$、$\tilde{D}_n$ 分别为节点路由端口接收到兴趣包和数据包的平均值。在正常情况下，CCN 网络中节点路由端口接收的兴趣包和数据包报文数量均等，在遇到大型文件或内容时，也可能会出现 MRR 值短时间内出现兴趣包数量快速增大，但若出现兴趣包请求数量远远大于数据报文时，则判断可能受到了泛洪攻击。

报文响应率出现异常，MRR 值持续增大且 $D_n \gg I_n$。在正常情况下的 MRR 值为 1，当 MRR 值出现异常，且数据包报文的数量远大于兴趣包请求报文时，则判断可能受到了欺骗攻击，有伪造内容服务器正在不断地向网络中注入数据包报文，扰乱网络中的信息流。

PIT 使用率在短时间内超过总量的 80%，数据包报文命中率极低，并且 PIT 条目中数据包请求的随机性维持在很高的水平。在正常情况下，兴趣包请求报文也可能在某时刻出现短暂的上升和下降，但随着条目超时，恶意的兴趣包请求会被删除，维持在一定的范围内。在发生兴趣包泛洪攻击或拒绝服务攻击时,会出现 PIT 使用率短时间增大的情况,且随机性维持在较高水平。

针对某个固定节点缓存,且短时间内对多个内容重复请求。网络中兴趣包请求的目标一般是随机的。若发生在短时间内兴趣包请求的都是针对某个固定节点的缓存,并且请求的是重复的内容,则可能判定该节点路由端口处于异常状态。

(3) 信誉值算法。初始化后网络中的用户将信誉值都设置为 1。只有当用户行为发生异常时,才会经由信誉值算法来计算得到新的信誉值。算法中每个节点路由都有自己的计算评价系统。

$$F_s(R,T_j,u_i) = \begin{cases} 1, & u_i \notin \mathrm{AU} \\ 1 - L_s \in \mathrm{AU} \end{cases} \tag{5-14}$$

$F_s(R,T_j,u_i)$ 表示节点路由 R 计算用户 u_i 在时间 T_j 内的信誉值。其中,$L_s(R,T_j,u_i)$ 指用户信誉值的损失量大小,是根据用户行为特征是否异常来决定的。一个用户的信誉值不仅是由目前的状态决定的,也是由一段时间内行为状态决定的。

$$L_s(R,T_j,u_i) = \partial \times L_t(R,T_j,u_i) + (1-\partial)L_t(R,T_j,u_i) \tag{5-15}$$

式中,$L_t(R,T_j,u_i)$ 表示用户诚信度变化函数;$L_s(R,T_j,u_i)$ 表示在前 T_{j-1} 时间内用户信誉值的损失量;∂ 为衡量信誉权重的一个参数 $(0 \leqslant \partial \leqslant 1)$。若某个疑似攻击者的异常用户目前的状态很好,并未出现异常行为,但是因为之前多次行为异常情况严重,则它的信誉值也可能很低。只有当一个用户在长时间内都保持良好表现,没有异常行为出现,才可以保持良好的信誉。

$$L_t(R,T_j,u_i) = \lambda \times L_r(R,T_j,u_i) + (1-\lambda)L_r(R,T_j,u_i) \tag{5-16}$$

式中,λ 为一个权重值 $(0 \leqslant \lambda \leqslant 1)$;$L_r(R,T_j,u_i)$ 函数表示用户 u_i 的诚信损失。在本方案中,由于更加看重用户的当前状态,是否存在异常攻击,因此

λ 的值要大于 0.5。其中，函数 $L_r(R,T_j,u_i)$ 的定义为：$L_r(R,T_j,u_i) = \dfrac{n_u \in AU}{n}$，表示一段时间内用户被检测为可能存在攻击的异常用户的次数和该段时间内总的检测次数的比值。

（4）防御功能算法。节点路由对象的防御机制算法中包含 2 个部分：延迟机制与协同防御。延迟机制主要利用每个节点路由对象都有一个 ILU 集合，集合中包含被标记为攻击对象的异常节点用户。节点路由通过延迟生成算法针对每个节点用户产生随机延时，当面对正常和异常但是并非被认为是攻击者的用户兴趣包请求时，节点会立即进行响应。合法/非法用户请求节点路由响应如图 5-5 所示，当合法用户 U_1 去请求节点缓存内容时会得到及时的响应，当非法用户中的 U_2 请求时会被延迟一定的时间。协同防御中节点路由向邻近节点发送一个协同防御的数据包，告知攻击者信息。邻近节点接收到这样的协同数据包后自动解析数据包，得到被标记的非法用户信息，检查自身节点中的 ILU 表，若已存在这样的节点则通过广播或默认端口将协同包转发，否则将该节点用户信息添加 ILU 表中。

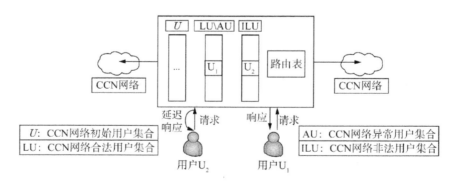

图 5-5　合法/非法用户请求节点路由响应

4. 方案分析

对象化后的每种网络资源都存在一定的安全隐患，需要进一步研究较为完整的安全方案来保障各种网络对象资源的安全。本方案的设计目的就是在保持 CCN 网络优势的情况下，为节点路由提供一种安全保障。已有文献针对本部分节点路由安全的防护大多较为单一且存在一定的缺陷。Dai 的方案[47]，建立在已经准确检测到存在兴趣包泛洪攻击，利用路由端口号进行"逆路径"追踪防御机制，返回伪造的兴趣包，以此缓解攻击危害。采用追踪方法，也存在 2 个缺陷：①太过依赖单一的检测机制，如果检测机制不完善或恶意攻击请求比较分散，就会加重网络负担；②如果恶意兴趣包是针对合法命名前缀的攻击，依旧采用这种返回伪造兴趣包的方法，那么正常用户的请求也会受到影响。例如，名字为"ccn/maze/download/videos/孙悟空.mp4"的一个合法的命名，同时针对该命名前缀的被检测恶意兴趣前缀为"ccn/maze/download/…"，那么合法用户也会被返还一个伪造的回溯包。倘若网络中充斥着大量这样的恶意兴趣包，合法的兴趣请求达不到内容服务器或根本得不响应，则会导致合法的服务器"沦陷"。Compagno 方案[48]在已检测到节点路由的某个端口受到兴趣包泛洪攻击时，节点路由就会采用对攻击端口流量限制的方法，以期达到缓解、减弱甚至消除攻击的目的。然而，采用这种流量限制的方法，存在 2 个缺陷：①会对合法用户的服务造成影响，端口不仅是一个兴趣请求端口，同时也是数据包响应端口，对恶意兴趣包进行限制也会使合法用户请求被延迟，还会对合法数据包响应造成限制；②由于兴趣包攻击的广泛性，恶意兴趣包经过节点路由转发后会大量散布在各个网络节点端口，若对网络中大多数端口进行流量限制，则整个网络的连通性必然受到影响。

本书的方案设计的目的：能够有效地结合各个检测和防御方案的优点，同时在最大限度地不影响合法用户正常请求的前提下为节点路由提供安全保障。本书的方案与其他的检测与防御方案的对比分析表如表 5-3 所示。

本部分对 CCN 网络资源进行划分，按其在网络中不同角色划分为不同对象。面对不同的网络资源对象进行安全问题分析，着重指出在网络中节点路由对象面临的几种攻击。针对节点路由对象面临的攻击，提出节点路由安全方案，旨在不影响合法用户的请求的情况下，为节点路由提供安全保障。

表 5-3 本书的方案与其他的检测与防御方案的对比分析表

方案设计	检测	防御	粒度	优缺点
Tang 方案	多层次，兴趣包满足率+异常前缀识别	AIMD 协同反馈防御	异常前缀	检测粒度较细，但计算开销太大
Goergen 方案	数据挖掘监控	兴趣包报文数量限制	异常接口	检测对数据采集要求很高，可能会限制合法用户的请求
游荣方案	信息熵变化率	基于信息熵快慢防御结合	异常前缀	检测及时，防御方案对合法用户影响小，但对 PIT 信息熵的计算还不够清楚和完善
Dai 方案	PIT 表异常	兴趣包"逆路径"追溯	异常端口	追踪过程中会对合法用户请求限制
Compagno 方案	端口数据异常检测	端口流量限制	异常端口	正常用户服务可能会受到影响，严重的情况下可能使网络瘫痪
本书的方案	用户行为异常检测+信誉值 K 限制	端口延时+协同防御	异常端口+异常前缀	动态及时的检测使其优于其他方案，端口延时+协同防御使其基本不会对合法用户造成影响

5.5 未来展望

本章重点研究了内容中心网络在缓存、命名、路由与转发等方面的安全问题，特别是在隐私保护方面，提出了现有比较先进的保护方案，总结了当前内容中心网络的主要安全风险。

（1）CCN 网络隐私风险高于 IP 网络风险。

（2）CCN 网络的安全针对数据本身，数据内容可以分布在不同的位置，任何用户都可使用可用的副本，从而导致未经授权访问的风险。

（3）泛洪攻击是针对 CCN 网络的主要攻击方式，容易导致网络资源耗尽。

（4）缺乏对宿主机的标识，如何应对或限制用户请求，是 CCN 面临的技术难题。

综上所述，研究人员只是触及了 CCN 安全问题的表面，且处于初级阶段，还需要针对相应的安全问题进行具体分析，设计正确的安全保护策略，并制订适用于 CCN 的安全解决方案。

5.6　小结

本章从内容中心网络面临的安全威胁、内容中心网络安全保护机制、内容中心网络中的隐私保护、内容中心网络安全路由方法及未来展望 5 个方面对内容中心网络安全机制的相关研究进行阐述。在内容中心网络面临的安全威胁中，阐述了当前针对内容中心网络的内容非授权访问、用户隐私泄露、兴趣包泛洪攻击等一系列安全威胁，对现有解决方案进行分析，并且比较了其优缺点。在内容中心网络安全保护机制中，介绍了目前国内外学者在内容中心网络安全保护机制方面所做的研究，包括隐私保护、路由与转发安全，以及缓存安全。在内容中心网络中的隐私保护部分，介绍了当前针对内容中心网络中缓存、命名、路由及转发等方面的隐私保护策略，代表了目前 CCN 隐私保护的主要研究方向与思路。在内容中心网络安全路由方法中，分析了内容中心网络节点路由安全问题，包括资源耗尽、定时攻击、干扰攻击，以及泛洪攻击，为了解决这些问题，提出了改进的内容中心网络节点路由安全保护方案，并且与现存的 5 种安全方案进行对比分析。本部分的研究成果将为未来内容中心网络安全机制的相关研究提供重要的条件及依据。

参考文献

[1] 霍跃华，刘银龙. 内容中心网络中安全问题研究综述 [J]. 电讯技术，2016，56(2)：224-232.

[2] 闵二龙,陈震,陈睿,等. 内容中心网络的隐私问题研究 [J]. 信息网络安全，2013(2)：13-16.

[3] Wei Y，Xu C，Mu W，et al. Cache Management for Adaptive Scalable Video Streaming in Vehicular Content-Centric Network，2016 [C]. International Conference on Networking & Network Applications，2016.

[4] 赵炯. 内容中心网络兴趣包泛洪攻击理论分析模型研究 [D]. 甘肃：兰州大学计算机与通信学院，2016.

[5] Lauinger T. Security Scalability of Content-Centric Networking [D]. School of computing，Germany，2010.

[6] Wahlischa M，Schmidt T C，Vahlenkampb M. Backscatter from the Data Plane – Threats to Stability and Security in Information-Centric Network Infrastructure [J]. Computer Networks，2013，57(16)：3192-3206.

[7] Wang K，Chen J，Zhou H，et al. Effect of Denial-of-Service Attacks on Named Data Networking [J]. ICIC Express Letters，2013，7(7)：2135-2140.

[8] Wang K，Chen J，Zhou H，et al. Modeling denial-of-service against pending interest table in named data networking [J]. International Journal of Communication Systems，2013，27(12)：4355‐4368.

[9] Afanasyev A，Mahadevan R，Moiseenko I，et al. Interest Flooding Attack and Countermeasures in Named Data Networking . Proceedings of IFIP Networking，2013 [C]. Brooklyn， New York，USA， 2013.

[10] Dai H，Wang Y，Fan J，et al. Mitigate DDoS Attacks in NDN by Interest Trace back. Proceedings of IEEE INFOCOM，2013[C]. Turin, Italy，2013.

[11] P Gates, G Tsaddik, E Uzun, et al. DoS & DDoS in Named-Data Networking. Proceedings of the 22nd International Conference on Computer Communications and Networks (ICCCN)，2013 [C]. Nassau，Bahamas， 2012.

[12] Wang K，Zhou H，Chen J． RDAI：Router-based Data Aggregates Identification

Mechanism for Named Data Networking. Proceedings of the 7th International Conference on Innovative Mobile and Internet Services in Ubiquitous Computing (IMIS) 2013 [C]. Taichung, Taiwan, 2013.

[13] Wong W, Vikander P. Secure naming in information-centric networks, 2013 [C]. Proceedings of the Re-Architecting the Internet Workshop. Taichung, Taiwan, 2010.

[14] Zhang X, Chang K, Xiong H, et al. Towards name-based trust and security for content-centric network, Network Protocols (ICNP), 2011 [C]. 19th IEEE International Conference on. IEEE, 2011.

[15] Hamdane B, Serhrouchni A, Fadlallah A, et al. Named-data security scheme for named data networking, Network of the Future (NOF), 2012 [C]. Third International Conference on the. IEEE, 2012.

[16] Arianfar S, Koponen T, Raghavan B, et al. On preserving privacy in content-oriented networks, Proceedings of the ACM, 2011 [C]. SIGCOMM workshop on Information-centric networking, ACM, 2011.

[17] Ion M, Zhang J, Schooler E M, et al. Toward content-centric privacy in ICN: attribute-based encryption and routing [J]. Acm special interest group on data communication, 2013, 43(4): 513-514.

[18] Danzig S, Dingle dine R. Mathewson Design of a type iii anonymous remailer protocol, 2003 [C]. Proceedings of the Symposium on Security and Privacy. Berkeley, CA, USA: Springer, 2003.

[19] Dibenedetto A, Zhang X, Schucha D. Protection access privacy of cached contents in information centric networks.Proceedings the Acm Sigsac Symposia-um on Information, Computer and Communications Security, 2011 [C]. Hangzhou: ACM, 2013.

[20] Ming Z, Xu M, Wang D. Age-based cooperative caching in information-centric networking [C]. Computer Communication and Networks (ICCCN), 2014 [C]. 23rd International Conference on. IEEE, 2014.

[21] Mixmaster protocol[EB/OL]. [2015-08-20]. http://www.Abditum.com/mix master.

[22] Mohaisen. Research on countermeasures for interest flooding attacks in content - centric network [D]. Beijing: Beijing Jiao tong University, 2014.

[23] 葛国栋, 郭云飞, 刘彩霞. 内容中心网络中面向隐私保护的协作缓存策略 [J]. 电子与信息学报, 2015, 37(5): 1220-1226.

[24] 丁锟. 命名数据网络中兴趣包泛洪攻击与防御对策的研究 [D]. 北京：北京交通大学，2015.

[25] Deng L, Gao Y, Chen Y, et al. Pollution attacks and defenses for Internet caching systems [J]. Computer Networks, 2008, 52(5): 935-956.

[26] Park H, Widjaja I, Lee H. Detection of cache pollution attacks using randomness checks. Communications (ICC), 2012 [C]. International Conference on IEEE, Berkeley, CA, USA, 2012.

[27] Conti M, Gasti P, Teoli M. A lightweight mechanism for detection of cache pollution attacks in Named Data Networking [J]. Computer Networks, 2013, 57(16): 3178-3191.

[28] Xie M, Widjaja I, Wang H. Enhancing cache robustness for content-centric networking, 2012 [C]. International Conference on IEEE, Berkeley, CA, USA, 2012.

[29] 宋晓华，黄河清，曹元大. 基于能量模型的交互式流媒体缓存置换策略 [J]. 北京理工大学学报，2007.

[30] Abdallah E G, Zulkernine M, Hassanein H S. Detection and Prevention of Malicious Requests in ICN Routing and Caching. Computer and Information Technology; Ubiquitous Computing and Communications; Dependable, Autonomic and Secure Computing; Pervasive Intelligence and Computing (CIT/IUCC/DASC/PICOM), 2015 [C]. IEEE International Conference, Hangzhou, 2015.

[31] Gasti P, Tsudik G, Uzun E, et al. DoS and DDoS in Named Data Networking. Computer Communications and Networks (ICCCN), 2013 [C]. 22nd International Conference on. IEEE, Hangzhou, 2013.

[32] Bianchi G, Detti A, Caponi A, et al. Check before storing: what is the performance price of content integrity verification in lru caching [J]. ACM SIGCOMM Computer Communication Review, 2013, 43(3): 59-67.

[33] Kim D, Nam S, Bi J, et al. Efficient content verification in named data networking. Proceedings of the 2nd International Conference on Information-Centric Networking, 2015 [C]. ACM, 2015.

[34] Li Q, Zhang X, Zheng Q, et al. Live: Lightweight integrity verification and content access control for named data networking [J]. IEEE Transactions on Information Forensics and Security, 2015, 10(2): 308-320.

[35] Dibenedetto S, Papadopoulos C. Mitigating Poisoned Content with Forwarding Strategy

the third Workshop on Name-Oriented Mobility: Architecture, Algorithms and Applications (INFOCOM NOM), 2016 [C]. IEEE Conference on. IEEE, 2016.

[36] Lauinger T, Laoutaris N, Rodriguez P, et al. Privacy implications of ubiquitous caching in named data networking architectures [R]. Technical report, TR-iSecLab-0812-001, iSecLab, 2012.

[37] Acs G, Conti M, Gasti P, et al. Cache Privacy in Named Data Networking [R]. In Proc. ICDCS, 2013.

[38] Chaabane A, De Cristofaro E, Kaafar M A, et al. Privacy in content-oriented networking: threats and countermeasures [J]. ACM SIGCOMM Computer Communication Review, 2013, 43(3): 25-33.

[39] Mohaise. Computer Communication Review [J]. 2013, 43(3): 25-33.

[40] Lauinger T. Security & scalability of Content-Centric Net-working, 2010 [C]. TU Darmstadt, the Netherlands, 2010.

[41] Arianfar S, Koponen T, Raghavan B, et al. On preserving privacy in content-oriented networks. Proceedings of the ACM, 2011 [C]. SIGCOMM workshop on Information-centric networking. ACM, 2011.

[42] Carofiglio G, Gallo M, Muscariello L, et al. Modeling data transfer in content centric networking [J/OL]. 2011, 18(2). http://perso.rd.francetelecom.fr/muscariello.

[43] Fricker C, Robert P, Roberts J, et al. Impact of traffic mix on caching performance in a content-centric network, Computer Communications Workshops, 2012 [C]. IEEE Conference on IEEE, 2012: 310-315.

[44] Stern T E, Elwalid A I. Analysis of separable Markov-modulated rate models for information-handling systems [J]. Advances in Applied Probability, 1991: 105-139.

[45] Tang J, Zhang Z, Liu Y, et al. Identifying interest booding in named data net-working.Green Computing and Communications (GreenCom), 2013 [C]. IEEE and Internet of Things iThings/CPSCom), IEEE International Conference on and IEEE Cyber, Physical and Social Computing. NY: IEEE, 2013.

[46] Goergen D, Cholez T, Francois J, et al. Security monitoring for content-centric networking [M]. Data Privacy Management and Autonomous Spontaneous Security. Germany: Springer, 2013: 274-286.

[47] Dai H, Wang Y, Fan J, et al. Mitigate ddos attacks in ndn by interest traceback. Computer

Communications Workshops (INFOCOM WKSHPS),2013 [C]. IEEE Conference on. IEEE,2013:381-386.

[48] Compagno A,Conti M,Gasti P,et al. Poseidon:Mitigating interest flooding DDoS attacks in named data networking. Local Computer Networks (LCN),2013 [C]. IEEE 38th Conference on IEEE,2013.

反侵权盗版声明

电子工业出版社依法对本作品享有专有出版权。任何未经权利人书面许可，复制、销售或通过信息网络传播本作品的行为；歪曲、篡改、剽窃本作品的行为，均违反《中华人民共和国著作权法》，其行为人应承担相应的民事责任和行政责任，构成犯罪的，将被依法追究刑事责任。

为了维护市场秩序，保护权利人的合法权益，我社将依法查处和打击侵权盗版的单位和个人。欢迎社会各界人士积极举报侵权盗版行为，本社将奖励举报有功人员，并保证举报人的信息不被泄露。

举报电话：（010）88254396；（010）88258888
传　　真：（010）88254397
E-mail：dbqq@phei.com.cn
通信地址：北京市万寿路173信箱
　　　　　电子工业出版社总编办公室
邮　　编：100036